U0953848

粉煤灰和脱硫石膏重要标准汇编

主编单位　华电电力科学研究院有限公司
主　　编　王栋民　彭桂云　王群英
副 主 编　刘　泽

中国建材工业出版社

图书在版编目（CIP）数据

粉煤灰和脱硫石膏重要标准汇编 / 王栋民，彭桂云，王群英主编．-- 北京：中国建材工业出版社，2019.12
ISBN 978-7-5160-2717-2

Ⅰ.①粉… Ⅱ.①王… ②彭… ③王… Ⅲ.①粉煤灰—建筑材料—标准—汇编—中国②脱硫—石膏—建筑材料—标准—汇编—中国 Ⅳ.①TU521-65

中国版本图书馆 CIP 数据核字（2019）第 258388 号

内容简介

本书将近年来最新的粉煤灰、脱硫石膏国家标准、行业标准汇编成册，并将部分地方标准列出目录，形成系统完整的工具书，内容涉及材料界定、技术规范、性能测试、分析方法等诸多方面。

本书既适用于电力行业、粉煤灰和脱硫石膏行业的管理者、技术人员、研发人员作为参考书之用，又可作为大宗固废培训用书。

粉煤灰和脱硫石膏重要标准汇编
Fenmeihui he Tuoliu Shigao Zhongyao Biaozhun Huibian
主　编　王栋民　彭桂云　王群英
副主编　刘　泽

出版发行：中国建材工业出版社
地　　址：北京市海淀区三里河路 1 号
邮　　编：100044
经　　销：全国各地新华书店
印　　刷：北京鑫正大印刷有限公司
开　　本：787mm×1092mm　1/16
印　　张：11.75
字　　数：280 千字
版　　次：2019 年 12 月第 1 版
印　　次：2019 年 12 月第 1 次
定　　价：**200.00 元**

本社网址：www.jccbs.com，微信公众号：zgjcgycbs

前 言

煤炭是中国最主要的一次能源，煤炭燃烧产生的粉煤灰是我国每年排放量最大的工业废渣之一；我国大多数电厂采用石灰石-石膏法去除烟气中的硫氧化物，脱硫石膏作为净化烟气后所得的工业副产品，随着我国对大气污染治理的日益重视，烟气脱硫设施越来越完善，脱硫石膏产量持续增加。在能源紧张的当今，结合现行相关技术标准，对粉煤灰及脱硫石膏进行相应的质量检验和配套保障设施，确保其具有较高质量水平，加强粉煤灰及脱硫石膏的综合利用，对于其处理处置具有重要意义。

中国的粉煤灰研究及应用是从20世纪50年代开始的，粉煤灰首先用于水泥、混凝土中的掺合料，后又发展到建材制品、筑路工程等领域，其利用率随生产发展不断提高。在粉煤灰的综合利用过程中，标准化起着重要支撑作用和高新技术引领作用。我国粉煤灰综合利用各类标准有国家标准、行业标准和地方标准。其中，国家标准44项：基础通用标准14项，收集存储运输标准1项，循环利用技术标准24项，综合评价标准5项；行业标准33项：基础通用标准15项，循环利用标准18项，多为检测和产品标准；团体标准1项，属技术规范类标准。经企业标准信息平台查询，现有8项企业标准均为产品标准。所有标准里以技术规范类标准居多，其次是产品类和方法类。这一系列标准完善了对粉煤灰质量的要求，为其生产应用创造了条件。

同时，随着燃煤烟气脱硫技术的不断发展和完善，经由烟气脱硫设施产生的脱硫石膏量急剧增加，如何将其有效利用成为新课题。由于脱硫石膏的性能和天然石膏接近，大量的研究表明，脱硫石膏完全可以取代天然石膏用于工业生产。一些发达国家已经基本上实现了脱硫石膏的完全资源化利用，并开始取代天然石膏而成为主要的石膏资源。其中日本和包括德国在内的一些欧洲国家，脱硫石膏已成为主要的石膏资源用于石膏建材的生产，并不断地深化开辟脱硫石膏新利用领域，实现了脱硫石膏向精细化、高附加值产品的方向发展，最大限度地开发了脱硫石膏的利用价值。

中国建材行业脱硫石膏标准《烟气脱硫石膏》（JC/T 2074—2011）于2008年受工信部委托，由北京建材研究院领衔，组织行业院校、石膏制品行业、电力代表共同制定，于2012年7月1日正式生效。制定此标准的初衷是为了统一规范脱硫石膏的质量，消化电力行业产生的脱硫石膏，避免因电厂副产的脱硫石膏引起二次污染及堆存占地问题，为电厂的脱硫系统生产脱硫石膏提供技术指引，同时也为石膏行业等下游产业使用脱硫石膏用于生产提供技术保障及指引。

为了适应标准化工作的发展，满足工程、科研、设计、高校广大科技人员的需要，也为了进一步提高生产经营效率，特编辑《粉煤灰和脱硫石膏重要标准汇编》。本汇编主要汇集了粉煤灰及脱硫石膏在建材行业的国家标准、行业标准及地方标准共20项，其中国家标准7项、行业标准8项、地方标准5项。

本汇编对粉煤灰和脱硫石膏建材化利用提供了依据，随着相关技术水平的提高，必将对粉煤灰和脱硫石膏的性能指标和试验方法提出新的要求。同时本标准汇编也难免存在疏漏之处，请各单位在使用过程中提出批评、建议。

中国矿业大学（北京）化学与环境工程学院教授、博导
中国硅酸盐学会固废与生态材料分会理事长
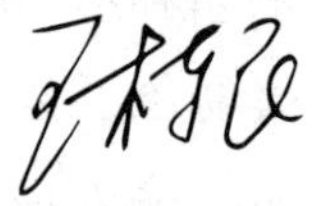

目　录

一、国家标准

蒸压粉煤灰空心砖和空心砌块 GB/T 36535—2018

1 范围

本标准规定了蒸压粉煤灰空心砖和空心砌块的术语和定义，规格、等级和标记，一般规定，技术要求，试验方法，检验规则，产品合格证、堆放和运输。

本标准适用于工业与民用建筑的非承重结构用蒸压粉煤灰空心砖和空心砌块。

2 规范性引用文件

下列文件对于本文件的应用是必不可少的。凡是注日期的引用文件，仅注日期的版本适用于本文件。凡是不注日期的引用文件，其最新版本（包括所有的修改单）适用于本文件。

GB 175 通用硅酸盐水泥

GB/T 4111 混凝土砌块和砖试验方法

GB 6566 建筑材料放射性核素限量

GB/T 18968 墙体材料术语

GB 50176 民用建筑热工设计规范

JC/T 409 硅酸盐建筑制品用粉煤灰

JC/T 621 硅酸盐建筑制品用生石灰

3 术语和定义

GB/T 18968 界定的以及下列术语和定义适用于本文件。

3.1 蒸压粉煤灰空心砖 autoclaved fly ash hollow brick

以粉煤灰、生石灰（或电石渣）为主要原料，可掺加适量石膏、外加剂和其他集料，经坯料制备、压制成型、高压蒸汽养护而制成的空心率不小于35%的砖（以下简称空心砖）。

3.2 蒸压粉煤灰空心砌块 autoclaved fly ash hollow block

以粉煤灰、生石灰（或电石渣）为主要原料，可掺加适量石膏、外加剂和其他集料，经坯料制备、压制成型、高压蒸汽养护而制成的空心率不小于45%的砌块（以下简称空心砌块）。

3.3 高宽比 ratio of beight to width

H/B

空心砖和空心砌块在实际使用状态下的承压高度（H）与最小水平尺寸（B）之比。

4 规格、等级和标记

4.1 规格

4.1.1 各部位名称

空心砖各部位名称见图1，空心砌块各部位名称见图2。

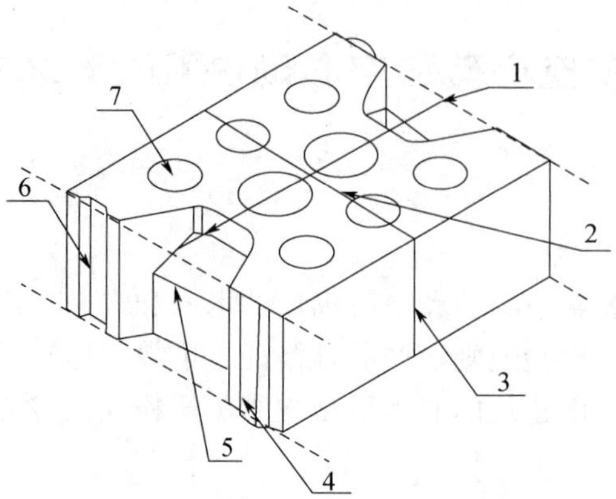

说明:
1—长度；2—宽度；3—高度；4—定位榫；
5—手抓孔；6—定位榫槽；7—孔洞

图1　空心砖各部位名称

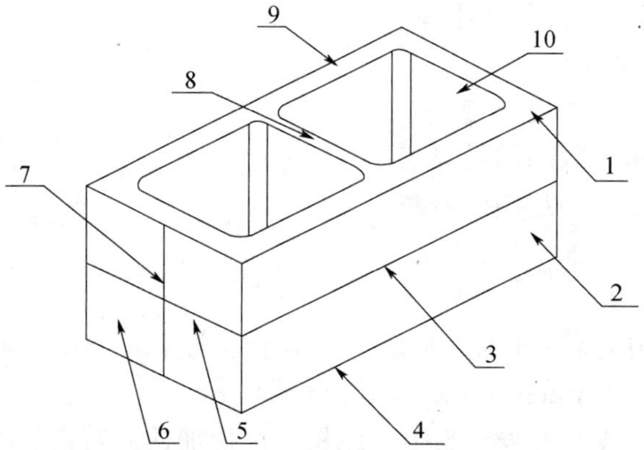

说明:
1—坐浆面（肋厚较小的面）；2—条面；3—长度；4—铺浆面（肋厚较大的面）；
5—宽度；6—顶面；7—高度；8—壁；9—肋；10—孔洞；

图2　空心砌块各部位名称

4.1.2　规格尺寸

空心砖和空心砌块的外型为直角六面体，宜留有手抓孔和定位榫。

空心砖主规格尺寸长×宽×高为240mm×190mm×90mm，空心砌块主规格尺寸长×宽×高为390mm×190mm×190mm。

规格尺寸由供需双方协商后确定。其外形公称尺寸应在考虑砌筑灰缝宽度后，符合建筑模数要求。

4.2　等级

4.2.1　强度等级分为MU3.5、MU5.0、MU7.5。

4.2.2　密度等级分为600级、700级、800级、900级、1000级、1100级。

4.3 标记

4.3.1 空心砖按产品代号（AFHI）、规格尺寸、密度等级、强度等级、标准编号的顺序进行标记。

4.3.2 空心砌块按产品代号（AFHO）、规格尺寸、密度等级、强度等级、标准编号的顺序进行标记。

示例 1：规格尺寸为 240mm×190mm×90mm，密度等级 800、强度等级 MU5.0 的空心砖标记为：

AFHI 240mm×190mm×90mm 800 MU5.0 GB/T ×××××

示例 2：规格尺寸为 390mm×190mm×190mm，密度等级 700、强度等级 MU3.5 的空心砌块标记示为：

AFHO 390mm×190mm×190mm 700 MU3.5 GB/T ×××××

5 一般规定

5.1 原材料

5.1.1 粉煤灰应符合 JC/T 409 的规定。

5.1.2 生石灰应符合 JC/T 621 的规定。

5.1.3 其他材料应符合相关标准的要求，无标准的材料应用前应做相关检验，符合要求方可使用。

5.2 孔洞

5.2.1 孔洞应与空心砖和空心砌块砌筑承受压力的方向一致。

5.2.2 孔洞宜为圆孔或者带倒角的矩形孔。

6 技术要求

6.1 外观质量和尺寸偏差

外观质量和尺寸偏差应符合表 1 的规定。

表 1 外观质量和尺寸偏差

<table>
<tr><th colspan="4">项目名称</th><th>技术指标</th></tr>
<tr><td rowspan="4">外观质量</td><td rowspan="2">缺棱掉角</td><td colspan="2">个数应不大于/个</td><td>2</td></tr>
<tr><td colspan="2">三个方向投影尺寸的最大值应不大于/mm</td><td>15</td></tr>
<tr><td>裂纹</td><td colspan="2">裂纹延伸的投影尺寸累计应不大于/mm</td><td>20</td></tr>
<tr><td colspan="3">层裂</td><td>不允许</td></tr>
<tr><td rowspan="4">尺寸偏差</td><td colspan="3">长度/mm</td><td>+2，−1</td></tr>
<tr><td colspan="3">宽度/mm</td><td>+2，−1</td></tr>
<tr><td colspan="2" rowspan="2">高度/mm</td><td>空心砖</td><td>±1</td></tr>
<tr><td>空心砌块</td><td>±2</td></tr>
</table>

6.2 空心率

空心砖空心率应不小于 35%，空心砌块空心率应不小于 45%。

6.3 最小壁肋厚度

最小外壁厚应不小于 25mm，最小肋厚应不小于 15mm。

6.4 密度等级

密度等级应符合表 2 的规定。

表 2　密度等级　　单位为千克每立方米

密度等级	3 块密度平均值
600	≤600
700	610～700
800	710～800
900	810～900
1000	910～1000
1100	1010～1100

6.5 强度等级

强度等级应符合表 3 的规定。

表 3　强度等级

强度等级	抗压强度/MPa		密度等级范围/(kg/m³) ≤
	五块平均值 ≥	单块最小值 ≥	
MU3.5	3.5	2.8	700
MU5.0	5.0	4.0	900
MU7.5	7.5	6.0	1100

6.6 抗冻性

抗冻性应符合表 4 的规定。使用条件应符合 GB 50176 的规定。

表 4　抗冻性

使用地区	抗冻指标	质量损失率	抗压强度损失率
夏热冬暖地区	D15	平均值≤5% 单块最大值≤10%	平均值≤25% 单块最大值≤30%
夏热冬冷地区	D25		
寒冷地区	D35		
严寒地区	D50		

6.7 线性干燥收缩值

线性干燥收缩值应不大于 0.65mm/m。

6.8 碳化系数

碳化系数应不小于 0.85。

6.9 吸水率

吸水率应不大于 25%。

6.10 放射性核素限量

放射性核素限量应符合 GB 6566 的规定。

7 试验方法

抗压强度试验方法按附录 A 进行，放射性核素限量试验方法按 GB 6566 进行，其他各项性能指标的试验按 GB/T 4111 进行。

8 检验规则

8.1 检验分类

8.1.1 检验分为出厂检验和型式检验。

8.1.2 出厂检验项目包括：外观质量、尺寸偏差、最小壁助厚度、密度等级和强度等级。

8.1.3 型式检验项目包括技术要求的所有项目。有下列情况之一时，产品需进行型式检验：

a）新厂生产试制定型鉴定；

b）正式生产后如原材料、工艺等发生较大改变，可能影响产品性能时；

c）正常生产时，每半年应进行一次；

d）停产 3 个月以上，恢复生产时；

e）出厂检验结果与上次型式检验有较大差异时。

8.2 组批规则

以同一批原材料、同一生产工艺、同一规格型号、同一强度等级的每 10 万块空心砖或每 500m^3空心砌块为一批，不足的也按一批计。

8.3 抽样规则

8.3.1 每批随机抽取 32 块做外观质量和尺寸偏差检验。

8.3.2 从外观质量和尺寸偏差检验合格的检验批中，随机抽取如下数量进行以下项目的检验：

表 5 样品数量

单位为块

检验项目	样品数量	
	$H/B \geqslant 0.6$	$H/B < 0.6$
空心率	3	3
最小壁肋厚度	3	3
密度等级	3	3
抗压强度	5	10
吸水率	3	3
线性干燥收缩值	3	3
抗冻性	10	20
碳化系数	12	22
放射性核素限量	3	3

8.4 判定规则

8.4.1 若受检样品的外观质量和尺寸偏差均符合表 1 的相应指标时，判该样品合格，否则判不合格。

8.4.2 若受检的32块样品中，外观质量和尺寸偏差的不合格块数不大于7块时，判该批产品合格，否则判不合格。

8.4.3 当所有项目检验结果均符合第6章各项技术要求时，判该批产品合格；否则，判不合格。

9 产品合格证、堆放和运输

9.1 龄期不足10天不得出厂。

9.2 出厂时，应提供产品合格证，内容包括：

a）厂名和商标；

b）批量编号和数量；

c）产品标记和生产日期；

d）检验人员签章。

9.3 应按规格、龄期、强度等级分批分别码放，不得混杂。

9.4 装卸时，不应碰撞、扔摔，应轻码轻放，不准许翻斗倾卸。

9.5 堆放、运输及施工时，应有可靠的防雨措施。

附　录　A
（规范性附录）
抗压强度试验方法

A.1 仪器设备

A.1.1 材料试验机

材料试验机的示值误差应不大于1%，其量程选择应能使试件的预期破坏荷载落在满量程的20%～80%。

A.1.2 试件制备平台

试件制备平台应平整水平，其长度方向范围内的平面度应不大于0.1mm，可用金属或其他材料制作，平面尺寸应不小于600mm×300mm。

A.1.3 水平仪

水平仪规格为250mm～400mm。

A.1.4 直角靠尺

直角靠尺应有一端长度不小于120mm，分度值为1mm。

A.1.5 钢直尺

钢直尺规格为600mm，分度值为1mm。

A.2 试件

A.2.1 试件数量

抗压强度试件为5个。

A.2.2 尺寸测量

用钢直尺测量每块样品尺寸，分别在样品两侧的中间位置测量试件宽度（B）和长度

(L)，取平均值，精确至 1mm；样品高度（H）则应测取两个长边（L）中间处的两个数值，取平均值，精确至 1mm。

A.2.3 试件制备

A.2.3.1 $H/B \geqslant 0.6$ 的试件制备

取 5 块整砖放在（20±5）℃的水中浸泡 24h 后取出，用湿布擦去表面水分，作为抗压强度试件。

A.2.3.2 $H/B < 0.6$ 的试件制备

采取叠块方法制作抗压强度试件。

采用符合 GB 175 规定的 42.5 级普通硅酸盐水泥和细砂制备粘结砂浆，水泥和细砂质量比为 1∶3，水灰比不大于 0.5。

将同批次、同规格尺寸、孔洞结构相同的两块样品，用粘结材料将它们按照坐浆面与铺浆面重叠粘结在一起。粘结时，需用水平仪和直角靠尺进行调控，以保证样品的四个侧面中至少有两个相邻侧面是平整的。粘结后的样品应满足：

——粘结层厚度≤3mm；

——两块样品的孔洞基本对齐。

将制备的试件放置在（20±5）℃的试验室内进行养护 72h，再放入（20±5）℃的水中浸泡 24h 后取出，用湿布擦去表面水分，作为抗压强度试件。

A.3 试验步骤

A.3.1 将试件放在试验机下压板上，要尽量保证试件的重心与试验机压板中心重合。

注：对于孔型分别对称于长（L）和宽（B）的中心线的试件，其重心和形心重合；对于不对称孔型的试件，可在试件承压面下垫一根直径 10mm、可自由滚动的圆钢条，分别找出长（L）和宽（B）的平衡轴（重心轴），两轴的交点即为重心。

A.3.2 试验机加荷应均匀平稳，不应发生冲击或振动。加荷速度以 4kN/s～6kN/s 为宜，直至试件破坏为止，记录最大破坏荷载 P。

A.4 结果计算与评定

A.4.1 $H/B \geqslant 0.6$ 的样品制备的试件，试件受压面的长度（L）和宽度（B），按 A.2.2 取值。

A.4.2 $H/B < 0.6$ 的样品制备的试件，试件受压面的长度（L）和宽度（B），按 A.2.2 取最大值。

A.4.3 试件的抗压强度按式（A.1）计算，精确至 0.01MPa。

$$R = \frac{P}{LB} \tag{A.1}$$

式中：

R——试件的抗压强度，单位为兆帕（MPa）；

P——破坏荷载，单位为牛顿（N）；

L——受压面的长度，单位为毫米（mm）；

B——受压面的宽度，单位为毫米（mm）。

A.4.4 试验结果以五个试件抗压强度的算术平均值和单块最小值表示，精确至 0.1MPa。

用于水泥和混凝土中的粉煤灰 GB/T 1596—2017

1 范围

本标准规定了用于水泥和混凝土中的粉煤灰的术语和定义、分类、等级、技术要求、试验方法、检验规则、包装、标志、运输与贮存。

本标准适用于拌制砂浆和混凝土时作为掺合料的粉煤灰及水泥生产中作为活性混合材料的粉煤灰。

2 规范性引用文件

下列文件对于本标准的应用是必不可少的。凡是注日期的引用文件，仅注日期的版本适用于本文件。凡是不注日期的引用文件，其最新版本（包括所有的修改单）适用于本文件。

GB 175 通用硅酸盐水泥

GB/T 176 水泥化学分析方法

GB/T 208 水泥密度测定方法

GB/T 1345 水泥细度检验方法 筛析法

GB/T 1346 水泥标准稠度用水量、凝结时间、安定性检验方法

GB/T 2419 水泥胶砂流动度试验方法

GB/T 5484 石膏化学分析方法

GB 6566 建筑材料放射性核素限量

GB/T 12573 水泥取样方法

GB/T 17671—1999 水泥胶砂强度检验方法（ISO 法）

GSB 08—1337 中国 ISO 标准砂

GSB 08—2506 粉煤灰细度标准样品

GSB 14—1510 强度检验用水泥标准样品

3 术语和定义

下列术语和定义适用于本文件。

3.1 粉煤灰 fly ash

电厂煤粉炉烟道气体中收集的粉末。

注：粉煤灰不包括以下情形；(1) 和煤一起煅烧城市垃圾或其他废弃物时；(2) 在焚烧炉中煅烧工业或城市垃圾时；(3) 循环流化床锅炉燃烧收集的粉末。

3.2 对比水泥 reference cement

符合 GSB 14—1510 规定，或符合 GB 175 规定且满足本标准中相关要求的 42.5 强度等级的硅酸盐水泥或普通硅酸盐水泥。

3.3 试验样品 testing sample

对比水泥和被检验粉煤灰按质量比 7 : 3 混合而成。

3.4 对比胶砂 reference mortar

对比水泥与规定级配的标准砂按质量比 1∶3 混合。

3.5 试验胶砂 testing mortar

试验样品与规定级配的标准砂按质量比 1∶3 混合。

3.6 强度活性指数 strength activity index

试验胶砂与对比胶砂在规定龄期的抗压强度之比，以百分数表示。

4 分类

4.1 根据燃煤品种分为 F 类粉煤灰（由无烟煤或烟煤煅烧收集的粉煤灰）和 C 类粉煤灰（由褐煤或次烟煤煅烧收集的粉煤灰，氧化钙含量一般大于或等于 10%）。

4.2 根据用途分为拌制砂浆和混凝土用粉煤灰、水泥活性混合材料用粉煤灰两类。

5 等级

拌制砂浆和混凝土用粉煤灰分为三个等级：Ⅰ级、Ⅱ级、Ⅲ级。

水泥活性混合材料用粉煤灰不分级。

6 技术要求

6.1 理化性能要求

拌制砂浆和混凝土用粉煤灰应符合表 1 要求，水泥活性混合材料用粉煤灰应符合表 2 要求。

表 1 拌制砂浆和混凝土用粉煤灰理化性能要求

项目		理化性能要求		
		Ⅰ级	Ⅱ级	Ⅲ级
细度（45μm 方孔筛筛余）/%	F 类粉煤灰	≤12.0	≤30.0	≤45.0
	C 类粉煤灰			
需水量比/%	F 类粉煤灰	≤95	≤105	≤115
	C 类粉煤灰			
烧失量（Loss）/%	F 类粉煤灰	≤5.0	≤8.0	≤10.0
	C 类粉煤灰			
含水量/%	F 类粉煤灰	≤1.0		
	C 类粉煤灰			
三氧化硫（SO_3）质量分数/%	F 类粉煤灰	≤3.0		
	C 类粉煤灰			
游离氧化钙（f-CaO）质量分数/%	F 类粉煤灰	≤1.0		
	C 类粉煤灰	≤4.0		
二氧化硅（SiO_2）、三氧化二铝（Al_2O_3）和三氧化二铁（Fe_2O_3）总质量分数/%	F 类粉煤灰	≥70.0		
	C 类粉煤灰	≥50.0		

续表

项目		理化性能要求		
		Ⅰ级	Ⅱ级	Ⅲ级
密度/（g/cm^3）	F类粉煤灰	≤2.6		
	C类粉煤灰			
安定性（雷氏法）/（mm）	C类粉煤灰	≤5.0		
强度活性指数/%	F类粉煤灰	≥70.0		
	C类粉煤灰			

表2　水泥活性混合材料用粉煤灰理化性能要求

项目		理化性能要求
烧失量（Loss）/%	F类粉煤灰	≤8.0
	C类粉煤灰	
含水量/%	F类粉煤灰	≤1.0
	C类粉煤灰	
三氧化硫（SO_3）质量分数/%	F类粉煤灰	≤3.5
	C类粉煤灰	
游离氧化钙（f-CaO）质量分数/%	F类粉煤灰	≤1.0
	C类粉煤灰	≤4.0
二氧化硅（SiO_2）、三氧化二铝（Al_2O_3）和三氧化二铁（Fe_2O_3）总质量分数/%	F类粉煤灰	≥70.0
	C类粉煤灰	≥50.0
密度/（g/cm^3）	F类粉煤灰	≤2.6
	C类粉煤灰	
安定性（雷氏法）/mm	C类粉煤灰	≤5.0
强度活性指数/%	F类粉煤灰	≥70.0
	C类粉煤灰	

6.2　放射性

符合GB 6566中建筑主体材料规定指标要求。

6.3　碱含量

按$Na_2O+0.658K_2O$计算值表示。当粉煤灰应用中有碱含量要求时，由供需双方协商确定。

6.4　半水亚硫酸钙含量

采用干法或半干法脱硫工艺排出的粉煤灰应检测半水亚硫酸钙（$CaSO_3 \cdot 1/2H_2O$）含量，其含量不大于3.0%。

6.5　均匀性

以细度表征，单一样品的细度不应超过前10个样品细度平均值（如样品少于10个时，则为所有前述样品试验的平均值）的最大偏差，最大偏差范围由买卖双方协商确定。

7 试验方法

7.1 细度

按 GB/T 1345 中 45μm 负压筛析法进行，筛析时间为 3min。

筛网应采用符合 GSB 08-2506 规定的或其他同等级标准样品进行校正，筛析 100 个样品后进行筛网的校正，结果处理同 GB/T 1345 规定。

7.2 需水量比

按附录 A 进行。

7.3 烧失量、三氧化硫、游离氯化钙、二氧化硅、三氧化二铝、三氧化二铁、碱含量

按 GB/T 176 进行，其中三氧化二铝的测定采用硫酸铜返滴定法或 X 射线荧光分析方法，有争议时以硫酸铜返滴定法为准。

7.4 含水量

按附录 B 进行。

7.5 半水亚硫酸钙

按 GB/T 5484 进行。

7.6 密度

按 GB/T 208 进行。

7.7 安定性

试验样品按 3.3 制备，安定性试验按 GB/T 1346 进行。

7.8 强度活性指数

按附录 C 进行。

7.9 放射性

将粉煤灰与符合 GB 175 要求的硅酸盐水泥按质量比 1∶1 混合均匀，并按 GB 6566 检测。

8 检验规则

8.1 编号及取样

粉煤灰出厂前按同种类、同等级编号和取样。散装粉煤灰和袋装粉煤灰应分别进行编号和取样。不超过 500t 为一编号，每一编号为一取样单位。当散装粉煤灰运输工具的容量超过该厂规定出厂编号吨数时，允许该编号的数量超过取样规定吨数。粉煤灰质量按干灰（含水量小于 1%）的质量计算。

取样方法按 GB/T 12573 进行。取样应有代表性，可连续取，也可从 10 个以上不同部位取等量样品，总量至少 3kg。

注：对于拌制混凝土和砂浆用粉煤灰，必要时，买方可对其进行随机抽样检验。

8.2 出厂检验

8.2.1 拌制混凝土和砂浆用粉煤灰，出厂检验项目为 6.1 表 1 中除烧失量和强度活性指数以外的所有项目；采用干法或半干法脱硫工艺排出的粉煤灰增加 6.4 半水亚硫酸钙（$CaSO_3 \cdot 1/2H_2O$）项目。

8.2.2 水泥活性混合材料用粉煤灰，出厂检验项目为 6.1 表 2 中除强度活性指数以外的所

有项目；采用干法或半干法脱硫工艺排出的粉煤灰增加6.4半水亚硫酸钙（$CaSO_3 \cdot 1/2H_2O$）项目。

8.3 型式检验

8.3.1 拌制混凝土和砂浆用粉煤灰型式检验项目为6.1表1、6.2和6.4规定的。

8.3.2 水泥活性混合材料用粉煤灰型式检验项目为6.1表2、6.2和6.4规定的。

8.3.3 有下列情况之一时，应进行型式检验：

——原料、工艺有较大改变，可能影响产品性能时；

——正常生产时，每半年检验一次（放射性除外）；

——长期停产后，恢复生产时；

——出厂检验结果与上次型式检验有较大差异时；

——国家质量监督检验机构提出型式检验的要求时。

8.4 判定规则

8.4.1 出厂检验

8.4.1.1 拌制混凝土和砂浆用粉煤灰出厂检验项目符合6.1表1和6.4技术要求时，判为出厂检验合格。若其中任何一项不符合要求，允许在同一编号中重新取样进行全部项目的复检，以复检结果判定。

8.4.1.2 水泥活性混合材料用粉煤灰出厂检验项目符合6.1表2和6.4技术要求时，判为出厂检验合格。若其中任何一项不符合要求，允许在同一编号中重新取样进行全部项目的复检，以复检结果判定。

8.4.2 型式检验

8.4.2.1 拌制混凝土和砂浆用粉煤灰型式检验项目符合6.1表1、6.2和6.4技术要求时，判为型式检验合格。若其中任何一项不符合要求，允许在本批留样中取样进行复检，以复检结果判定。

8.4.2.2 水泥活性混合材料用粉煤灰型式检验项目符合6.1表2、6.2和6.4技术要求时，判为型式检验合格。若其中任何一项不符合要求，允许在本批留样中取样进行复检，以复检结果判定。

8.5 检验报告

检验报告内容应包括出厂编号、出厂检验项目、分类、等级。当用户需要时，生产者应在粉煤灰发出日起7d内寄发除强度活性指数以外的各项检验结果，32d内补报强度活性指数检验结果。

8.6 仲裁

对粉煤灰质量有争议时，相关单位应将认可的样品签封，送省级或省级以上国家认可的质量监督检验机构进行仲裁检验。

9 包装、标志、运输与贮存

9.1 包装

粉煤灰可以散装或袋装。袋装每袋净含量为25kg或40kg，每袋净含量不得少于标志质量的99%。其他包装规格由买卖双方协商确定。

9.2 标志

散装粉煤灰应提供卡片，包括产品名称、分类、等级、净含量、批号、执行标准号、生产厂名称和地址、生产日期。

袋装粉煤灰的包装袋上应标明与散装粉煤灰卡片相同的内容。

9.3 运输与贮存

粉煤灰在运输与贮存时不得受潮和混入杂物，同时应防止污染环境。

附 录 A
(规范性附录)
粉煤灰需水量比试验方法

A.1 范围

本附录适用于粉煤灰的需水量比测定。

A.2 原理

按 GB/T 2419 测定试验胶砂和对比胶砂的流动度，二者达到规定流动度范围时的加水量之比为粉煤灰的需水量比。

A.3 材料

A.3.1 对比水泥：符合 GSB 14-1510 规定，或符合 GB 175 规定的强度等级 42.5 的硅酸盐水泥或普通硅酸盐水泥且按表 A.1 配制的对比胶砂流动度（L_0）在 145mm～155mm 内。

A.3.2 试验样品：对比水泥和被检验粉煤灰按质量比 7∶3 混合。

A.3.3 标准砂：符合 GB/T 17671—1999 规定的 0.5mm～1.0mm 的中级砂。

A.3.4 水：洁净的淡水。

A.4 仪器设备

A.4.1 天平

量程不小于 1000g，最小分度值不大于 1g。

A.4.2 搅拌机

符合 GB/T 17671—1999 规定的行星式水泥胶砂搅拌机。

A.4.3 流动度跳桌

符合 GB/T 2419 规定。

A.5 试验步骤

A.5.1 胶砂配比按表 A.1 进行。

表 A.1 粉煤灰需水量比试验胶砂配比 单位为克

胶砂种类	对比水泥	试验样品		标准砂
		对比水泥	粉煤灰	
对比胶砂	250	—	—	750
试验胶砂	—	175	75	750

A.5.2 对比胶砂和试验胶砂分别按 GB/T 17671 规定进行搅拌。

A.5.3 搅拌后的对比胶砂和试验胶砂分别按 GB/T 2419 测定流动度。当试验胶砂流动度达到对比胶砂流动度（L_0）的±2mm 时，记录此时的加水量（m）；当试验胶砂流动度超出对比胶砂流动度（L_0）的±2mm 时，重新调整加水量，直至试验胶砂流动度达到对比胶砂流动度（L_0）的±2mm 为止。

A.6 结果计算

A.6.1 需水量比按式（A.1）计算，结果保留至1%。

$$X = \frac{m}{125} \times 100 \tag{A.1}$$

式中：

X——需水量比，%；

m——试验胶砂流动度达到对比胶砂流动度（L_0）的±2mm 时的加水量，单位为克（g）；

125——对比胶砂的加水量，单位为克（g）。

A.6.2 试验结果有矛盾或需要仲裁检验时，对比水泥宜采用 GSB 14-1510 强度检验用水泥标准样品。

附　录　B
（规范性附录）
粉煤灰含水量试验方法

B.1 范围

本附录适用于粉煤灰含水量的测定。

B.2 原理

将粉煤灰放入规定温度的烘干箱内烘至恒重，以烘干前后的质量差与烘干前的质量比确定粉煤灰的含水量。

B.3 仪器设备

B.3.1 烘干箱

可控制温度 105℃～110℃，最小分度值不大于 2℃。

B.3.2 天平

量程不小于 50g，最小分度值不大于 0.01g。

B.4 试验步骤

B.4.1 称取粉煤灰试样约 50g，精确至 0.01g，倒入已烘干至恒量的蒸发皿中称量（m_1），精确至 0.01g。

B.4.2 将粉煤灰试样放入 105℃～110℃烘干箱内烘至恒重，取出放在干燥器中冷却至室温后称量（m_0），精确至 0.01g。

B.5 结果计算

含水量按式（B.1）计算，结果保留至 0.1%。

$$w = \frac{m_1 - m_0}{m_1} \times 100 \tag{B.1}$$

式中：

w——含水量，%；

m_1——烘干前试样的质量，单位为克（g）；

m_0——烘干后试样的质量，单位为克（g）。

附 录 C
（规范性附录）
粉煤灰强度活性指数试验方法

C.1 范围

本附录适用于粉煤灰强度活性指数的测定。

C.2 原理

按 GB/T 17671—1999 测定试验胶砂和对比胶砂的 28d 抗压强度，以二者之比确定粉煤灰的强度活性指数。

C.3 材料

C.3.1 对比水泥：符合 GSB 14-1510 规定，或符合 GB 175 规定的强度等级 42.5 的硅酸盐水泥或普通硅酸盐水泥。

C.3.2 试验样品：对比水泥和被检验粉煤灰按质量比 7∶3 混合。

C.3.3 标准砂：符合 GSB 08-1337 规定。

C.3.4 水：洁净的淡水。

C.4 仪器设备

天平、搅拌机、振实台或振动台、抗压强度试验机等均应符合 GB/T 17671—1999 规定。

C.5 试验步骤

C.5.1 胶砂配比按表 C.1 进行。

表 C.1 强度活性指数试验胶砂配比 单位为克

胶砂种类	对比水泥	试验样品		标准砂	水
		对比水泥	粉煤灰		
对比胶砂	450	—	—	1350	225
试验胶砂	—	315	135	1350	225

C.5.2 将对比胶砂和试验胶砂分别按 GB/T 17671 规定进行搅拌、试体成型和养护。

C.5.3 试体养护至 28d，按 GB/T 17671 规定分别测定对比胶砂和试验胶砂的抗压强度。

C.6 结果计算

C.6.1 强度活性指数按式（C.1）计算，结果保留算至 1%。

$$H_a = \frac{R}{R_0} \times 100 \qquad \text{(C.1)}$$

式中：

H_a——强度活性指数,%；

R——试验胶砂 28d 抗压强度，单位为兆帕（MPa）；

R_0——对比胶砂 28d 抗压强度，单位为兆帕（MPa）。

C.6.2 试验结果有矛盾或需要仲裁检验时，对比水泥宜采用 GSB 14-1510 强度检验用水泥标准样品。

粉煤灰混凝土应用技术规范 GB/T 50146—2014

1 总则

1.0.1 为了规范粉煤灰在水泥混凝土中的应用，达到改善混凝土性能、提高工程质量、延长混凝土结构物使用寿命，以及节约资源、保护环境等目的，制定本规范。

1.0.2 本规范适用于用粉煤灰作为主要掺合料的混凝土应用。

1.0.3 粉煤灰在混凝土中的应用，除应符合本规范外，尚应符合国家现行有关标准的规定。

2 术语

2.0.1 粉煤灰 fly ash

从煤粉炉烟道气体中收集的粉末。粉煤灰按煤种和氧化钙含量分为F类和C类。

F类粉煤灰——由无烟煤或烟煤燃烧收集的粉煤灰。

C类粉煤灰——氧化钙含量一般大于10%，由褐煤或次烟煤燃烧收集的粉煤灰。

2.0.2 掺合料 mineral admixture

以硅、铝、钙等一种或多种氧化物为主要成分、具有一定细度，掺入混凝土中能改善混凝土性能的粉体材料。

2.0.3 胶凝材料 cementitious materials

混凝土中水泥与掺合料的总称。

2.0.4 水胶比 water-cementitious material ratio

混凝土用水量与胶凝材料质量之比。

2.0.5 粉煤灰混凝土 fly ash concrete

以粉煤灰为主要掺合料的混凝土。

2.0.6 粉煤灰掺量 fly ash content

粉煤灰占胶凝材料质量的百分比。

3 基本规定

3.0.1 预应力混凝土宜掺用Ⅰ级F类粉煤灰，掺用Ⅱ级F类粉煤灰时应经过试验论证；其他混凝土宜掺用Ⅰ级、Ⅱ级粉煤灰，掺用Ⅲ级粉煤灰时应经过试验论证。

3.0.2 粉煤灰混凝土宜采用硅酸盐水泥和普通硅酸盐水泥配制。采用其他品种的硅酸盐水泥时，应根据水泥中混合材料的品种和掺量，并通过试验确定粉煤灰的合理掺量。

3.0.3 粉煤灰与其他掺合料同时掺用时，其合理掺量应通过试验确定。

3.0.4 粉煤灰可与各类外加剂同时使用，粉煤灰与外加剂的适应性应通过试验确定。

4 粉煤灰的技术要求

4.1 技术要求及检验方法

4.1.1 用于混凝土中的粉煤灰应分为Ⅰ级、Ⅱ级、Ⅲ级三个等级，各等级粉煤灰技术要求及检验方法应按现行国家标准《用于水泥和混凝土中的粉煤灰》GB/T 1596的有关规定执行，并应符合表 4.1.1 的规定。

表 4.1.1　混凝土中用粉煤灰技术要求及检验方法

项目		技术要求			检验方法
		Ⅰ级	Ⅱ级	Ⅲ级	
细度（45μm 方孔筛筛余）（%）	F类粉煤灰	≤12.0	≤25.0	≤45.0	按现行国家标准《用于水泥和混凝土中的粉煤灰》GB/T 1596 的有关规定执行
	C类粉煤灰				
需水量比（%）	F类粉煤灰	≤95	≤105	≤115	按现行国家标准《用于水泥和混凝土中的粉煤灰》GB/T 1596 的有关规定执行
	C类粉煤灰				
烧失量（%）	F类粉煤灰	≤5.0	≤8.0	≤15.0	按现行国家标准《水泥化学分析方法》GB/T 176 的有关规定执行
	C类粉煤灰				
含水量（%）	F类粉煤灰	≤1.0			按现行国家标准《用于水泥和混凝土中的粉煤灰》GB/T 1596 的有关规定执行
	C类粉煤灰				
三氧化硫（%）	F类粉煤灰	≤3.0			按现行国家标准《水泥化学分析方法》GB/T 176 的有关规定执行
	C类粉煤灰				
游离氧化钙（%）	F类粉煤灰	≤1.0			按现行国家标准《水泥化学分析方法》GB/T 176 的有关规定执行
	C类粉煤灰	≤4.0			
安定性（雷氏夹沸煮后增加距离）/(mm)	C类粉煤灰	≤5.0			净浆试验样品的制备及对比水泥样品的要求按本表注执行，安定性试验按现行国家标准《水泥标准稠度用水量、凝结时间、安定性检验方法》GB/T 1346 的有关规定执行

注：1. 安定性检验方法中，净浆试验样品由对比水泥样品和被检验粉煤灰按 7∶3 质量比混合而成；
2. 当实际工程中粉煤灰掺量大于 30%时，应按工程实际掺量进行试验论证；
3. 对比水泥样品应符合现行国家标准《通用硅酸盐水泥》GB 175 规定的强度等级为 42.5 的硅酸盐水泥或工程实际应用的水泥。

4.1.2　粉煤灰的放射性核素限量及检验方法应按现行国家标准《建筑材料放射性核素限量》GB 6566 的有关规定执行。

4.1.3　粉煤灰中的碱含量应按 Na_2O 当量计，以 $Na_2O+0.658K_2O$ 计算值表示。当粉煤灰用于具有碱活性骨料的混凝土中，宜限制粉煤灰的碱含量。粉煤灰碱含量的检验方法应按现行国家标准《水泥化学分析方法》GB/T 176 的有关规定执行。

4.2　验收和存储

4.2.1　粉煤灰供应单位应按现行国家标准《用于水泥和混凝土中的粉煤灰》GB/T 1596 的相关规定出具批次产品合格证、标识和出厂检验报告，并应按相关标准要求提供型式检验报告。

4.2.2　出厂粉煤灰的标识应包括粉煤灰种类、等级、生产方式、批号、数量、生产厂名称和地址、出厂日期等。

4.2.3　对进场的粉煤灰应按下列规定及时取样检验：

1. 粉煤灰的取样频次宜以同一厂家连续供应的 200t 相同种类、相同等级的粉煤灰为一批，不足 200t 时宜按一批计。

2. 粉煤灰的取样方法应符合下列规定：

1）散装粉煤灰的取样，应从每批 10 个以上不同部位取等量样品，每份不应少于 1.0kg，混合搅拌均匀，用四分法缩取出比试验需要量约大一倍的试样量；

2）袋装粉煤灰的取样，应从每批中任抽 10 袋，从每袋中各取等量试样一份，每份不应少于 1.0kg，混合搅拌均匀，用四分法缩取出比试验需要量约大一倍的试样量。

3）每批粉煤灰试样应检验细度、含水量、烧失量、需水量比、安定性，需要时应检验三氧化硫、游离氧化钙、碱含量、放射性。

4.2.4 粉煤灰的验收应符合下列规定：

1. 粉煤灰的验收应按批进行；

2. 若其中任何一项不符合规定要求，应在同一批中重新加倍取样进行复检，以复检结果判定。

4.2.5 当供需双方对产品质量有争议时，供需双方应将双方认可的样品签封，送省级或省级以上国家认可的质量监督检验机构进行仲裁检验。

4.2.6 不同灰源、等级的粉煤灰不得混杂运输和存储，不得将粉煤灰与其他材料混杂，在运输和存储过程中应防止受潮、结块。

4.2.7 在运输、存储和使用时，应防止粉煤灰对环境的污染。

5 粉煤灰混凝土的配合比

5.1 粉煤灰混凝土的配合比设计原则

5.1.1 粉煤灰混凝土的配合比应根据混凝土的强度等级、强度保证率、耐久性、拌和物的工作性等要求，采用工程实际使用的原材料进行设计。

5.1.2 粉煤灰混凝土的设计龄期应根据建筑物类型和实际承载时间确定，并宜采用较长的设计龄期。地上、地面工程宜为 28d 或 60d，地下工程宜为 60d 或 90d，大坝混凝土宜为 90d 或 180d。

5.1.3 试验室进行粉煤灰混凝土配合比设计时，应采用搅拌机拌和。试验室确定的配合比应通过搅拌楼试拌检验后使用。

5.1.4 粉煤灰混凝土的配合比设计可按体积法或重量法计算。

5.2 粉煤灰的掺量

5.2.1 粉煤灰在混凝土中的掺量应通过试验确定，最大掺量宜符合表 5.2.1 的规定。

表 5.2.1 粉煤灰的最大掺量（%）

混凝土种类	硅酸盐水泥		普通硅酸盐水泥	
	水胶比≤0.4	水胶比＞0.4	水胶比≤0.4	水胶比＞0.4
预应力混凝土	30	25	25	15
钢筋混凝土	40	35	35	30
素混凝土	55		45	
碾压混凝土	70		65	

注：1. 对浇筑量比较大的基础钢筋混凝土，粉煤灰最大掺量可增加 5%～10%；

2. 当粉煤灰掺量超过本表规定时，应进行试验论证。

5.2.2 对早期强度要求较高或环境温度、湿度较低条件下施工的粉煤灰混凝土宜适当降低粉煤灰掺量。

5.2.3 特殊情况下，工程混凝土不得不采用具有碱硅酸反应活性骨料时，粉煤灰的掺量应通过碱活性抑制试验确定。

6 粉煤灰混凝土的施工

6.0.1 掺入混凝土中粉煤灰的称量允许偏差宜为±1％。

6.0.2 粉煤灰混凝土拌和物应搅拌均匀，搅拌时间应根据搅拌机类型由现场试验确定。

6.0.3 粉煤灰混凝土浇筑时不得漏振或过振。振捣后的粉煤灰混凝土表面不得出现明显的粉煤灰浮浆层。

6.0.4 粉煤灰混凝土浇筑完毕后，应及时进行保湿养护，养护时间不宜少于28d。粉煤灰混凝土在低温条件下施工时应采取保温措施。当日平均气温2d到3d连续下降大于6℃时，应加强粉煤灰混凝土表面的保护。当现场施工不能满足养护条件要求时，应降低粉煤灰掺量。

6.0.5 粉煤灰混凝土的蒸养制度应通过试验确定。

6.0.6 粉煤灰混凝土负温施工时，应采取相应的技术措施。

7 粉煤灰混凝土的质量检验

7.0.1 粉煤灰混凝土的质量检验项目应包括坍落度和强度。掺引气型外加剂的粉煤灰混凝土应测定混凝土含气量，有耐久性或其他特殊要求时，还应测定耐久性或其他检验项目。

7.0.2 现场施工中对粉煤灰混凝土的坍落度进行检验时，每4h应至少测定1次，其测定值允许偏差应符合表7.0.2的规定。

表7.0.2 坍落度允许偏差（mm）

坍落度	坍落度≤40	40＜坍落度≤100	坍落度＞100
允许偏差	±10	±20	±30

7.0.3 掺引气型外加剂的粉煤灰混凝土，每4h应至少测定1次含气量，其测定值允许偏差宜为±1.0％。

7.0.4 粉煤灰混凝土的强度检验与评定，应按现行国家标准《混凝土强度检验评定标准》GB/T 50107的有关规定执行。粉煤灰混凝土的耐久性检验和评定，应按国家现行有关标准的规定执行。

本规范用词说明

1. 为便于在执行本规范条文时区别对待，对要求严格程度不同的用词说明如下：

1）表示很严格，非这样做不可的：

正面词采用“必须”，反面词采用“严禁”；

2）表示严格，在正常情况下均应这样做的：

正面词采用“应”，反面词采用“不应”或“不得”；

3）表示允许稍有选择，在条件许可时首先应这样做的：

正面词采用“宜”，反面词采用“不宜”；

4）表示有选择，在一定条件下可以这样做的，采用“可”。

2. 条文中指明应按其他有关标准执行的写法为：“应符合……的规定”或“应按……执行”。

引用标准名录

《混凝土强度检验评定标准》GB/T 50107

《通用硅酸盐水泥》GB 175

《水泥化学分析方法》GB/T 176

《水泥标准稠度用水量、凝结时间、安定性检验方法》GB/T 1346

《用于水泥和混凝土中的粉煤灰》GB/T 1596

《建筑材料放射性核素限量》GB 6566

条文说明

1　总则

1.0.1　本条指出了制定本规范的目的。由于粉煤灰混凝土具有多方面的优点，在各种混凝土工程建设中，根据工程条件，均可掺入适量的粉煤灰。目前国内粉煤灰的使用已很普遍，并取得了大量的研究成果和应用经验，为了使工程掺用粉煤灰做到更加科学合理、有章可循，制定本规范，以利于粉煤灰得到更广泛、更可靠的应用。

1.0.2　粉煤灰可以应用在各种混凝土工程建设中，包括水利、电力、铁道、交通、冶金、石油、煤炭、工业与民用建筑、市政及其他各类部门建造结构物所采用的素混凝土、钢筋混凝土及预应力混凝土。

本条取消了原文中“不适用于建筑砂浆和作为外加剂载体所应用的粉煤灰”。

2　术语

本章给出了粉煤灰相关术语的定义，取消了原规范中附录四的名词解释。

2.0.1　与原规范相比粉煤灰的分类增加了 C 类粉煤灰。C 类粉煤灰的定义与《用于水泥和混凝土中的粉煤灰》GB/T 1596—2005 相比更强调了其氧化钙含量，氧化钙含量中应包括游离氧化钙。

3　基本规定

本章是对原规范“第三章　粉煤灰混凝土的工程应用”的修订，取消了原规范中一些过时或不再适用的规定。

表 1　不同等级粉煤灰碾压混凝土的配合比

粉煤灰		水胶比	胶材用量 (kg/m³)	砂率 (%)	减少剂 (%)	引气剂 (%)	材料用量(kg/m³)					VC(s)	含气量 (%)	容重 (kg/m³)	91d 抗压强度(MPa)
等级	掺量(%)						水泥	粉煤灰	水	砂	石				
Ⅰ	35	0.50	140	39	0.3	0.14	91	49	70	874	1366	9.3	4.9	2444	26.3
	50	0.50	140	39	0.3	0.17	70	70	70	874	1368	8.6	5.6	2437	23.9
Ⅱ	35	0.50	170	39	0.3	0.20	111	60	85	852	1334	8.3	6.0	2417	25.4
	50	0.50	176	39	0.3	0.23	88	88	88	845	1322	10.0	4.9	2438	20.4
Ⅲ	35	0.50	180	39	0.3	0.35	117	63	90	846	1324	7.5	5.6	2390	25.2
	50	0.50	190	39	0.3	0.40	95	95	95	837	1308	8.0	5.6	2391	20.2
等外灰	35	0.50	210	39	0.3	0.40	136	74	105	829	1296	6.5	5.2	2388	25.5
	50	0.50	210	39	0.3	0.45	105	105	105	821	1284	10.2	4.6	2377	19.7

表 2　固定水泥用量的碾压混凝土配合比

粉煤灰		水胶比	胶材用量 (kg/m³)	砂率 (%)	引气剂 (%)	材料用量(kg/m³)					VC(s)	含气量 (%)	容重 (kg/m³)	91d 抗压强度(MPa)
等级	掺量(%)					水泥	粉煤灰	水	砂	石				
Ⅰ	35	0.41	185	39	0.25	120	66	75	880	1376	5.5	5.6	2398	26.8
	40	0.38	200	39	0.35	120	80	75	832	1302	8.0	4.9	2417	35.7
Ⅱ	35	0.49	185	39	0.30	120	65	90	833	1302	4.5	4.9	2423	18.6
	35	0.51	185	39	0.35	120	65	85	827	1294	5.0	5.4	2401	—

3.0.1 本条与原条款相比，预应力钢筋混凝土应用粉煤灰取消了跨度小于 6m 的限制。修改后的条款也取消了原条款中按混凝土强度等级确定掺粉煤灰等级的规定。因为粉煤灰混凝土的强度等级主要取决于混凝土的水胶比。

Ⅰ、Ⅱ级和Ⅲ级粉煤灰在细度、需水量比和烧失量等技术指标上有比较大的区别，Ⅲ级粉煤灰需水量比可高达 115%，掺入混凝土中会增加混凝土的用水量，相应带来混凝土胶凝材料用量的增加，同时Ⅲ级粉煤灰细度偏大、烧失量可达 15%，其活性和后期强度均不高。另外，如此高的含碳量对混凝土的耐久性和施工质量也有不利的影响，所以预应力混凝土中不宜掺用Ⅲ级粉煤灰，其他混凝土掺用Ⅲ级粉煤灰时应经过试验论证。优质粉煤灰，特别是Ⅰ级粉煤灰，它的形态、微集料和火山灰效应在混凝土中可得到充分发挥，有利于全面改善混凝土的性能，在技术和经济上都有突出的优势。中国水利水电科学研究院对普定碾压混凝土坝的试验研究资料列于表 1 和表 2，试验采用贵州水泥厂生产的符合当时执行的《硅酸盐水泥、普通硅酸盐水泥》GB 175—92 标准的 525# 普通硅酸盐水泥，粉煤灰为贵州清镇电厂生产的Ⅱ级粉煤灰。

从表 1 可见，掺粉煤灰 35%和 91d 抗压强度基本相同条件下，掺Ⅰ级粉煤灰混凝土的水泥用量为 91kg/m^3，掺Ⅱ级粉煤灰为 111kg/m^3，掺Ⅲ级粉煤灰为 117kg/m^3，掺等外粉煤灰为 136kg/m^3。也就是在 91d 抗压强度基本相同条件下，掺Ⅱ级粉煤灰比掺Ⅰ级粉煤灰多用水泥 20kg/m^3，掺Ⅲ级粉煤灰比掺Ⅰ级粉煤灰多用水泥 26kg/m^3。掺 50%粉煤灰的试验结果也有类似情况。从表 2 看出，在粉煤灰掺量和水泥用量相同的条件下，掺Ⅰ级粉煤灰的混凝土 91d 抗压强度较掺Ⅱ级粉煤灰提高 40%以上。

4 粉煤灰的技术要求

4.1 技术要求及检验方法

4.1.1 粉煤灰的分类和等级划分均参照现行国家标准《用于水泥和混凝土中的粉煤灰》GB/T 1596—2005 制定。

与原规范相比，将Ⅱ级粉煤灰细度指标由原来不大于 20%改为不大于 25%。试验研究表明，细度在 20%～25%的粉煤灰需水量比相差不多，将Ⅱ级粉煤灰细度指标放宽，在不影响混凝土其他性能的前提下，可扩大粉煤灰的利用率。

粉煤灰中的三氧化硫含量，我国一贯控制较严，要求 SO_3≤3.0%。在硅酸盐水泥和普通硅酸盐水泥中均要求 SO_3≤3.5%，矿渣硅酸盐水泥 SO_3≤4.0%。国外粉煤灰相关标准中三氧化硫一般控制在 2.5%～5.0%。有专家提出，粉煤灰中的三氧化硫含量至少可放宽到与硅酸盐水泥相同的限量，因为三氧化硫可对粉煤灰等掺合料起到激发剂的作用，它的含量偏少，对掺合料发挥活性和增长强度都不利。但在没有更深入的研究前，本规范维持原有的三氧化硫限制条件。

由于 C 类粉煤灰中含有较高的游离氧化钙，容易出现安定性不良问题，为保证工程质量，对 C 类粉煤灰，要求在水泥中掺 30%粉煤灰后，其雷氏法安定性应合格，当实际工程中粉煤灰掺量大于 30%时，应按工程实际掺量进行安定性检验。

对特殊工艺形成的粉煤灰，如混烧灰、脱硫灰、增钙灰等，由于工程应用经验不足，为慎重起见，应进行安定性等全面性能试验论证。

目前大多数电厂都采用电收尘收集粉煤灰，因此删去了原规范中第 2.1.2 条关于湿排法粉煤灰的相关规定。

原规范中第 2.1.3 条“主要用于改善混凝土和易性所采用的粉煤灰，可不受本规范的限制”，由于粉煤灰在工程应用中作为胶凝材料还是改善和易性很难界定，为避免造成应用中的混乱，将该条删去。

4.1.2 本条依据现行国家标准《用于水泥和混凝土中的粉煤灰》GB/T 1596—2005 制定。我国现行国家标准《建筑材料放射性核素限量》GB 6566—2010 对粉煤灰及其制品的放射性作出了相关规定，现行国家标准《用于水泥和混凝土中的粉煤灰》GB/T 1596—2005 中也据此对粉煤灰的放射性提出了技术要求。因此，本规范也增加了粉煤灰的放射性技术要求。

4.1.3 本条参照现行国家标准《用于水泥和混凝土中的粉煤灰》GB/T 1596—2005 制定。当粉煤灰用于具有碱活性骨料的混凝土中，若混凝土中碱含量过高有可能引起混凝土碱骨料反应破坏，因此要求控制混凝土中总碱含量，为此本节增加了对粉煤灰碱含量的技术要求。我国目前生产的粉煤灰由于厂家使用的煤质不同，其碱含量也不同，大多在 0.8%～2.0% 之间，也有一些在 2.5%以上。由于粉煤灰中的有效碱含量较低，高碱粉煤灰是否会引起混凝土碱骨料反应，还应通过试验论证。因此本规范对粉煤灰的碱含量不作具体规定。

4.2 验收和存储

4.2.1、4.2.2 粉煤灰作为商品应符合质量标准。本条款主要规定供货单位应按批向用户提供出厂检测报告及必要的标识，并及时提供型式检验报告。

4.2.3 本条主要对进场粉煤灰的取样及检验进行了规定，目的是在使用过程中确保粉煤灰品质的稳定性和一致性。

粉煤灰批量的规定，考虑到我国粉煤灰商品的实际情况（包括风选灰、磨细灰和原状灰的收集规模），与原规范相同仍以连续供应的 200t 相同种类、相同等级的粉煤灰为一批。

本条款规定了散装、袋装两种粉煤灰的取样方法和取样数量，取样采用常用的四分法缩分，以提高粉煤灰样品的代表性。

本条款规定了粉煤灰的检验应按批进行。粉煤灰的细度、含水量、烧失量、需水量比和安定性对粉煤灰混凝土的质量影响较大，所以规定每批粉煤灰应检验细度、含水量、烧失量、需水量比和安定性，修订了原规范中每月检测一次需水量比的规定。我国粉煤灰三氧化硫含量一般在 2%以下，很少有超过规范规定的 3.0%，煤种和生产工艺不变，三氧化硫不会有大的变化，一般可根据需要在一定时间内检验。当煤种和生产工艺变化时，应检验三氧化硫含量。

4.2.4 本条规定粉煤灰应按批进行验收，其品质检验结果应满足品质技术要求，其中任一项检测结果不合格时，可重新加倍取样复检，但应对所有要求检验的项目进行复检，而不仅仅是对不合格项进行复检。若经复检合格，该粉煤灰可认定为合格品，否则可降级处理或作为不合格品处理。

5 粉煤灰混凝土的配合比

本章是对原规范“第四章　粉煤灰混凝土配合比设计与粉煤灰取代水泥的最大限量”的修订。与原条款相比，配合比设计中不再采用“基准混凝土”的配合比设计指导思想，取消了粉煤灰取代水泥率及超量取代系数的规定，即取消了原规范中第 4.1.3 条和第 4.1.4 条。

5.1 粉煤灰混凝土的配合比设计原则

5.1.1 与原条款相比，配合比设计中除考虑混凝土强度因素外，还应考虑混凝土的耐久性及混凝土拌和物的工作性等要求。

5.1.2 掺粉煤灰混凝土设计龄期的确定，既要考虑建筑物类型和实际承载时间的不同，又要考虑粉煤灰对混凝土强度后期贡献比较显著的特点。地面以上结构由于长期保湿养护条件差及结构早强要求高，宜采用 28d 龄期，也可采用 60d 龄期。地下和大坝混凝土为了充分利用粉煤灰混凝土的后期强度，应尽可能采用较长的设计龄期。本条文龄期的规定是综合考虑了各个行业的具体情况，既有常规龄期的规定，又不规定过死，以利于掺用粉煤灰取得最大效益。另外，与原规范相比，本条掺粉煤灰混凝土的设计龄期不再区分地上和地面工程。

5.1.3 为使混凝土拌和物各组分搅拌均匀，对一般混凝土，试拌时不应采用人工拌和。因较难做到试验室与生产实际条件完全相同，且同种原材料的质量也有一定的波动，因此试验室确定的配合比在初次使用时，应通过搅拌楼试拌检验后使用。

5.2 粉煤灰的掺量

5.2.1 本条规定了各类混凝土中粉煤灰的最大掺量，是根据混凝土结构类型、水泥品种及水胶比确定的。由于混凝土材料科学的发展和工程经验的积累，与原规范相比，粉煤灰的最大掺量适当放宽。

表 5.2.1 中注 1“对浇筑量比较大的基础钢筋混凝土，粉煤灰最大掺量可增加 5%～10%”，主要是指有温控要求而对混凝土碳化要求较低的大型工程的基础混凝土。

粉煤灰最大掺量的确定，除了与早期强度、施工时的环境温度、大体积混凝土等有关外，混凝土的抗冻性、抗碳化性能等耐久性指标也很重要。对钢筋混凝土，粉煤灰掺量过大可导致混凝土碱度降低，使钢筋保护层碳化，进而对混凝土中钢筋锈蚀产生不利影响。为修订本规范进行的粉煤灰混凝土碳化及强度试验结果见表 3 和表 4，试验原材料采用符合当时执行的《中热硅酸盐水泥、低热矿渣硅酸盐水泥》GB 200—1989 中 525# 中热硅酸盐水泥、Ⅱ级粉煤灰和河砂、卵碎石。工程经验及试验结果表明，粉煤灰掺量越大，钢筋锈蚀敏感性增加。因此，在钢筋保护层厚度偏薄时，应适当减少粉煤灰用量，以提高混凝土碱度，减缓碳化和钢筋的锈蚀速度。

粉煤灰混凝土强度及抗冻性能试验结果见表 5～表 8。本试验是中国水利水电科学研究院为三峡水电站大坝混凝土进行的试验，为二级配常态混凝土，最大骨料粒径 40mm。试验原材料采用符合当时执行的《中热硅酸盐水泥、低热矿渣硅酸盐水泥》GB 200—1989 标准的石门 525# 中热硅酸盐水泥和荆门 425# 低热硅酸盐水泥、重庆电厂Ⅱ级粉煤灰和花岗岩人工砂石骨料。配合比试验中砂石骨料均以饱和面干状态为基准。抗冻试验龄期为 28d。试验结果表明，水胶比对混凝土的抗冻性有着较为明显的影响。在等强度等含气量条件下，掺粉煤灰混凝土与不掺粉煤灰混凝土具有相当的抗冻融耐久性。

表 3 粉煤灰混凝土碳化试验结果

试验项目	粉煤灰掺量(%)	水胶比																	
		0.55			0.50			0.45			0.40			0.35			0.30		
		7d	14d	28d	7d	14d	28d	7d	14d	28d	7d	14d	28d	7d	14d	28d	7d	14d	28d
碳化深度(mm)	0	9.8	11.0	12.7	7.4	8.1	11.9	5.5	5.9	7.4	0	0	0	0	0	0	0	0	0
	15	12.3	14.2	18.8	9.4	10.1	13.5	7.8	8.6	10.7	—	—	—	—	—	—	—	—	—
	20	12.2	15.4	19.1	11.1	12.9	16.8	8.2	9.8	11.3	6.7	7.6	9.6	—	—	—	—	—	—
	25	13.6	16.0	20.0	11.8	13.8	18.9	8.8	9.5	11.7	6.3	7.9	11.0	5.5	6.4	8.2	—	—	—

续表

试验项目	粉煤灰掺量（%）	水胶比																	
		0.55			0.50			0.45			0.40			0.35			0.30		
		7d	14d	28d	7d	14d	28d	7d	14d	28d	7d	14d	28d	7d	14d	28d	7d	14d	28d
碳化深度（mm）	30	13.6	16.9	21.6	11.5	14.0	18.5	9.3	11.8	14.5	7.7	9.5	11.5	6.5	7.7	9.1	0	0	0
	35	14.4	17.9	23.7	15.8	18.6	21.6	11.7	15.3	18.0	9.1	11.5	13.1	7.6	7.9	9.5	0	0	0
	40	16.2	20.6	26.0	18.2	21.1	25.5	12.9	16.7	22.1	9.8	13.5	16.8	8.0	9.9	12.4	0	0	0

表 4　粉煤灰混凝土抗压强度试验结果

试验项目	粉煤灰掺量（%）	水胶比											
		0.55		0.50		0.45		0.40		0.35		0.30	
		28d	90d	28d	90d	28d	90d	28d	90d	28d	90d	28d	90d
抗压强度（MPa）	0	35.0	40.8	40.0	49.5	52.1	58.6	56.4	62.4	58.2	62.8	64.3	64.6
	15	33.8	38.6	37.2	50.6	50.7	62.4	—	—	—	—	—	—
	20	30.1	42.2	36.2	47.7	47.1	57.3	51.6	61.9	—	—	—	—
	25	28.3	44.6	33.3	47.5	45.3	57.8	46.7	60.8	52.7	57.4	—	—
	30	27.7	42.9	31.7	46.5	40.5	53.6	46.8	59.2	49.2	58.6	53.6	55.7
	35	24.3	36.8	28.7	45.3	38.1	53.4	43.4	56.1	47.4	58.3	57.7	67.2
	40	18.9	30.2	28.5	42.6	35.7	50.5	40.0	51.9	45.2	59.8	56.4	66.2

表 5　525# 中热硅酸盐水泥混凝土主要配合比参数及抗压强度

水胶比	粉煤灰掺量（%）	砂率（%）	用水量（kg/m³）	水泥用量（kg/m³）	粉煤灰用量（kg/m³）	坍落度（cm）	含气量（%）	抗压强度（MPa）	
								28d	90d
0.40	0	34.0	147	367.5	0	4.8	5.0	44.4	50.3
	20	33.0	147	294.0	73.5	4.4	4.9	39.5	53.9
	40	31.0	148	222.0	148.0	5.0	4.5	29.8	41.8
0.45	0	35.0	145	322.2	0	4.5	4.8	36.1	42.6
	20	34.0	145	257.8	64.4	4.0	4.4	31.5	46.0
	40	32.0	146	194.7	129.7	5.7	4.9	21.3	33.7
0.50	0	36.0	143	286.0	0	4.5	5.0	30.4	37.1
	20	35.0	143	228.8	57.2	4.0	5.1	29.3	40.7
	40	34.0	146	171.6	114.4	5.3	4.4	17.6	28.4
0.55	0	36.0	143	260.0	0	4.0	5.1	27.3	33.3
	20	35.5	144	209.5	52.3	3.5	4.5	25.1	32.5
	40	35.0	144	157.0	104.8	4.3	5.0	16.1	27.6
0.60	0	37.0	144	240.0	0	3.0	4.5	22.3	27.8
	20	36.5	146	194.7	48.6	4.5	4.5	21.1	28.5
	40	35.5	146	146.0	97.3	3.5	4.5	14.6	23.8
0.65	0	38.0	149	229.0	0	4.1	4.7	18.2	23.1
	20	38.0	149	183.2	45.8	3.6	4.5	17.7	26.5
	40	36.5	148	136.6	91.1	4.3	5.1	13.4	22.5

表 6　525# 中热硅酸盐水泥混凝土抗冻试验结果

水胶比	粉煤灰掺量(%)	坍落度(cm)	含气量(%)	相对动弹性模数(%)/质量损失率(%)								表面破坏形态描述
				25 次	50 次	100 次	150 次	200 次	225 次	250 次	300 次	
0.40	0	4.8	5.0	97.8/0	97.3/0	97.3/0	97.0/0	96.6/0	96.4/0	96.3/0	96.1/0	表面基本完好
	20	4.4	4.9	97.6/0.07	96.8/0.09	96.4/0.12	96.4/0.13	96.4/0.20	96.3/0.27	96.2/0.32	95.7/0.46	局部砂浆剥落
	40	5.0	4.5	99.2/0.01	99.0/0.02	98.7/0.06	98.6/0.08	98.5/0.10	98.3/0.12	98.3/0.13	98.0/0.15	局部砂浆剥落
0.45	0	4.5	4.8	97.5/0.01	97.5/0.01	97.4/0.02	97.2/0.02	97.1/0.03	97.0/0.04	96.9/0.04	96.9/0.05	表面基本完好
	20	4.0	4.4	97.1/0.05	96.8/0.10	96.7/0.13	96.6/0.19	96.5/0.30	96.5/0.41	96.4/0.43	96.4/0.58	表面基本完好
	40	5.7	4.9	99.5/0	99.5/0	99.4/0.03	99.4/0.02	99.4/0.02	99.2/0.04	99.2/0.04	99.0/0.05	局部砂浆剥落
0.50	0	4.5	5.0	98.0/—0.02	97.9/—0.02	97.2/—0.02	97.1/—0.04	97.1/—0.02	97.0/0	97.0/0.01	90.5/0.01	局部砂浆剥落
	20	4.0	5.1	97.8/—0.08	97.8/0.10	97.7/0	97.6/0.12	97.4/0.34	97.2/0.61	97.1/0.76	97.0/0.88	砂浆普遍剥落
	40	5.3	4.4	98.5/0	96.9/0.05	96.9/0.08	96.2/0.26	96.7/0.52	96.2/0.62	95.9/0.82	95.9/0.88	砂浆剥落,局部露石
0.55	0	4.0	5.1	98.8/—0.02	97.1/0.10	96.7/0.30	96.7/0.47	96.7/0.58	96.6/0.68	96.6/0.68	96.6/0.87	砂浆剥落,局部露石
	20	3.5	4.5	98.4/0.08	96.9/0.70	96.7/0.98	96.3/0.37	95.9/0.67	95.6/0.95	95.5/1.34	95.5/1.63	砂浆普遍剥落,局部露石
	40	4.3	5.0	95.4/0.10	94.5/0.30	94.3/0.50	94.1/0.64	94.0/0.76	93.8/1.21	93.7/1.46	91.9/2.49	砂浆普遍剥落,普遍露石
0.60	0	3.0	4.5	91.5/0.10	89.4/0.21	80.8/0.84	75.5/1.73	66.7/2.00	60.3/2.90	—	—	砂浆普遍剥落,普遍露石
	20	4.5	4.5	94.5/0.10	93.7/0.52	92.4/1.12	91.2/1.28	90.3/2.17	90.0/2.40	89.7/2.80	88.0/3.20	砂浆全部剥落,普遍露石
	40	3.5	4.5	93.7/0.12	91.7/0.37	89.3/0.99	83.9/1.84	79.5/2.81	75.0/3.20	70.8/3.70	59.3/4.60	砂浆全部剥落,普遍露石,缺掉棱角
0.65	0	4.1	4.7	92.7/0.08	90.8/0.36	87.8/1.17	83.0/2018	80.9/2.50	78.7/3.00	75.0/3.60	67.5/3.90	砂浆全部剥落,普遍露石,缺掉棱角
	20	3.6	4.5	79.6/0.55	72.4/1.69	50.5/2.63	—	—	—	—	—	砂浆全部剥落,部分骨料脱落,缺掉棱角
	40	4.3	5.1	63.0/0.80	—	—	—	—	—	—	—	砂浆全部剥落,普遍露石,缺掉棱角

表 7　425# 低热硅酸盐水泥混凝土主要配合比参数及抗压强度

水胶比	粉煤灰掺量(%)	砂率(%)	用水量(kg/m³)	水泥用量(kg/m³)	粉煤灰用量(kg/m³)	坍落度(cm)	含气量(%)	抗压强度(MPa)	
								28d	90d
0.40	0	34.0	145	363.0	0	3.8	4.4	34.4	40.3
	10	34.0	145	327.0	36.0	4.0	4.0	37.9	41.9
	30	33.0	145	254.0	109.0	4.0	4.9	28.3	39.7
0.45	0	35.0	146	324.0	0	4.0	4.7	25.5	34.6
	10	35.0	146	292.0	32.0	4.0	4.7	33.5	41.5
	30	34.0	146	227.0	97.0	4.0	4.1	20.0	32.6
0.50	0	36.0	147	294.0	0	3.2	4.9	25.5	31.2
	10	36.0	146	263.0	29.0	4.1	4.3	29.1	39.0
	30	35.0	146	204.0	88.0	4.2	4.7	18.2	25.8
0.55	0	36.0	147	267.0	0	4.4	5.0	19.3	24.4
	10	36.0	147	240.0	27.0	4.3	4.4	20.6	29.2
	30	35.0	147	187.0	80.0	5.0	4.7	15.8	23.9
0.60	0	37.0	147	245.0	0	4.5	4.8	18.6	25.8
	10	37.0	147	220.0	25.0	4.0	5.0	16.9	23.3
	30	36.0	147	171.0	74.0	4.6	5.0	15.2	23.4
0.65	0	38.0	148	228.0	0	3.5	4.3	16.5	23.6
	10	38.0	149	206.0	23.0	3.5	4.8	16.6	24.3
	30	37.0	148	160.0	68.0	3.7	4.7	16.2	26.2

表 8　425# 低热硅酸盐水泥混凝土抗冻试验结果

水胶比	粉煤灰掺量(%)	坍落度(cm)	含气量(%)	相对动弹性模数(%)/质量损失率(%)								表面破坏形态描述
				25 次	50 次	75 次	100 次	150 次	200 次	250 次	300 次	
0.40	0	3.8	4.4	94.6/0	94.3/0.02	93.8/0.04	93.6/0.10	93.0/0.22	92.8/0.29	92.5/0.33	92.0/0.48	表面基本完好
	10	4.0	4.0	96.3/0	96.0/0.05	95.3/0.19	95.0/0.41	95.0/0.57	94.8/0.69	94.4/0.77	94.0/0.89	局部砂浆剥落
	30	4.0	4.9	96.3/0	95.8/0.09	95.6/0.15	94.6/0.41	91.0/0.92	93.8/0.97	93.7/1.03	93.7/1.33	局部砂浆剥落
0.45	0	4.0	4.7	95.8/0	95.5/0.02	95.0/0.17	94.5/0.38	94.0/0.59	93.2/0.89	92.4/1.10	91.0/1.30	表面基本完好
	10	4.0	4.7	95.8/0.06	95.6/0.20	95.2/0.26	95.0/0.40	94.8/0.50	94.7/0.76	94.5/0.82	94.4/1.10	表面基本完好
	30	4.0	4.1	94.5/0.15	94.9/0.46	94.3/0.71	94.0/0.91	93.0/1.10	92.3/1.37	90.2/2.50	89.8/3.10	局部砂浆剥落
0.50	0	3.2	4.9	98.3/0	96.5/0.02	96.2/0.15	96.0/0.29	96.8/0.48	96.3/0.70	96.0/0.87	95.8/1.01	局部砂浆剥落
	10	4.1	4.3	92.3/0.12	92.1/1.00	89.1/1.15	88.8/1.40	85.3/1.60	82.6/2.00	80.4/2.64	—	砂浆普遍剥落
	30	4.2	4.7	98.8/0.15	98.0/0.18	97.4/0.28	97.0/0.42	96.6/1.77	96.0/1.22	95.5/1.80	—	砂浆剥落,局部露石
0.55	0	4.4	5.0	93.0/0	86.4/0.30	83.2/0.39	82.8/0.70	77.7/1.10	72.8/1.40	70.2/2.10	—	砂浆剥落,局部露石
	10	4.3	4.4	93.9/0	89.8/0.15	86.3/0.27	85.5/0.93	83.32/1.30	82.0/1.60	80.0/1.90	—	砂浆普遍剥落,局部露石
	30	5.0	4.7	92.1/0.47	89.4/0.87	89.0/1.40	88.5/1.80	88.6/2.40	88.6/2.80	88.3/3.40	—	砂浆普遍剥落,普遍露石
0.60	0	4.5	4.8	93.1/0	90.4/0.02	87.6/0.16	87.0/0.39	87.0/0.63	85.2/1.30	—	—	砂浆普遍剥落,普遍露石
	10	4.0	5.0	92.0/0	88.0/0.08	84.7/0.38	82.9/0.84	82.4/1.01	81.9/1.30	—	—	砂浆全部剥落,普遍露石
	30	4.6	5.0	90.1/0.30	88.1/0.65	84.4/1.01	83.2/1.76	79.4/2.18	67.2/3.00	—	—	砂浆全部剥落,普遍露石,缺掉棱角
0.65	0	3.5	4.3	60.0/1.00	—	—	—	—	—	—	—	砂浆全部剥落,普遍露石,缺掉棱角
	10	3.5	4.8	63.1/0	—	—	—	—	—	—	—	砂浆全部剥落,部分骨料脱落,缺掉棱角
	30	3.7	4.7	58.5/0.22	—	—	—	—	—	—	—	砂浆全部剥落,普遍露石,缺掉棱角

表9～表12列出了不同行业部分高掺量粉煤灰混凝土所用的配合比参数。表中所列高铁工程、杭州湾等工程均开工于2007年之前，因此工程采用的硅酸盐水泥、普通硅酸盐水泥均为符合当时执行的《硅酸盐水泥、普通硅酸盐水泥》GB 175—1999、GB 175—92标准的水泥。CCTV主楼超长超厚底板混凝土中采用了50%的高粉煤灰掺量，取得了良好的效果。CCTV主楼总建筑面积472998m^2，底板混凝土总方量约12万m^3，强度等级为C40，采用60d后期强度评定，抗渗等级W8。底板平面尺寸为292.7m×219.7m，全部底板由后浇带分为16个区块，其中塔楼1底板平面尺寸为91m×75m，最大厚度10.8m，混凝土方量3.9万m^3。塔楼2底板平面尺寸为77m×70m，最大厚度10.9m，混凝土方量3.3万m^3。由于两座塔楼均双向倾斜，三维受力复杂，为了保证主楼底板良好的受力性能及整体性，要求一次连续浇筑混凝土。自2005年10月底开始，两座塔楼底板混凝土于12月底完成浇筑。主楼超长超厚底板混凝土施工配合比见表11，施工采用符合当时执行的《硅酸盐水泥、普通硅酸盐水泥》GB 175—1999标准的P.O 42.5普通硅酸盐水泥和Ⅰ级粉煤灰，粉煤灰掺量达到了50%，该配合比绝热温升约36℃～37℃，抗压、抗渗性能均满足设计要求。

表9　掺粉煤灰高性能混凝土施工配合比（高铁工程）

设计等级	混凝土配合比（kg/m^3）			粉煤灰掺量（%）	水胶比	电通量（C）	F200次		备注
	水	水泥	粉煤灰				重量损失（%）	动弹模（%）	
C55	153	365	120	25	0.32	954	1.1	88	32m跨PC箱梁
	155	400	95	19	0.31	—	—	—	
C50	155	380	100	21	0.32	—	—	—	32m跨PC箱梁
	144	370	110	23	0.30	589	2.0	92	
	152	385	100	21	0.31	—	—	—	
C40	155	340	120	26	0.34	1150	4.6	63	RC墩帽
	153	345	110	24	0.34	1180	1.7	88	
C30	160	284	120	30	0.40	710	—	—	RC灌注桩
	160	280	120	30	0.40	—	—	—	

表10　掺粉煤灰、矿粉高性能混凝土施工配合比（高铁和杭州湾工程）

设计等级	混凝土配合比（kg/m^3）				粉煤灰掺量（%）	（粉煤灰＋矿粉）掺量（%）	水胶比	备注
	水	水泥	粉煤灰	矿粉				
C55	149	300	70	110	14.6	37.5	0.31	济青PC箱梁
C50	155	280	80	120	16.7	41.5	0.32	武广PC箱梁
	154	310	125	45	26.0	35.5	0.32	京津PC箱梁
	152	240	72	168	15.0	50.0	0.32	杭州湾PC箱梁
	150	212	47	212	10.0	55.0	0.32	杭州湾PC箱梁
C40	152	191	144	144	30.1	60.0	0.32	杭州湾RC墩台
C30	153	160	180	80	42.9	62.0	0.36	杭州湾钻孔桩
	160	280	120	—	30.0	30.0	0.40	深圳地铁工程

表 11　掺粉煤灰混凝土工程施工配合比若干实例介绍

<table>
<tr><th rowspan="2">设计等级</th><th colspan="3">混凝土配合比（kg/m³）</th><th rowspan="2">粉煤灰掺量（%）</th><th rowspan="2">水胶比</th><th colspan="3">抗压强度（MPa）</th><th rowspan="2" colspan="2">备注</th></tr>
<tr><th>水泥</th><th>粉煤灰</th><th>水</th><th>7d</th><th>28d</th><th>90d</th></tr>
<tr><td>C40</td><td>309</td><td>134</td><td>165</td><td>30</td><td>0.37</td><td>40.1</td><td>51.9</td><td>56.2</td><td rowspan="2" colspan="2">北京庄胜广场，框架高层结构</td></tr>
<tr><td>C50</td><td>368</td><td>135</td><td>170</td><td>27</td><td>0.34</td><td>52.4</td><td>62.8</td><td>69.7</td></tr>
<tr><td>C50</td><td>370</td><td>90</td><td>134</td><td>20</td><td>0.29</td><td>66.0</td><td>80.0</td><td>80.0</td><td rowspan="2" colspan="2">南京地铁工程盾构掘进法施工，配制管片 C50P10 用高性能混凝土</td></tr>
<tr><td>C50</td><td>350</td><td>110</td><td>134</td><td>24</td><td>0.29</td><td>60.4</td><td>82.7</td><td>85.0</td></tr>
<tr><td>C25</td><td>230</td><td>120</td><td>180</td><td>34.2</td><td>0.51</td><td>23.3</td><td>35.1</td><td>—</td><td colspan="2">广东佛山华丰造纸厂污水池敞开式钢筋混凝土结构</td></tr>
<tr><td>C60</td><td>426</td><td>107</td><td>160</td><td>20</td><td>0.30</td><td>56.8</td><td>72.8</td><td>84.6</td><td colspan="2">北京市官园立交桥 23mPC 盖梁（1992 年）</td></tr>
<tr><td>C60</td><td>456</td><td>114</td><td>—</td><td>20</td><td>0.29</td><td>—</td><td>79.2</td><td>—</td><td colspan="2">深圳余氏大酒店（52 层）大堂 RC 顶天大柱 1.5m×1.5m×14.8m 四根（1994 年）</td></tr>
<tr><td>C20</td><td>160</td><td>200</td><td>170～175</td><td>55.5</td><td>0.48</td><td>—</td><td>30.9</td><td>—</td><td colspan="2">深圳地铁工程 RC 咬合灌注桩（2000 年 9 月）</td></tr>
<tr><td>C30S8</td><td>280</td><td>100</td><td>165</td><td>26.3</td><td>0.44</td><td>45.0</td><td>58.6</td><td>—</td><td rowspan="2" colspan="2">深圳地铁工程 RC 衬体（2002 年 1 月）</td></tr>
<tr><td>C30S8 防腐</td><td>280</td><td>120</td><td>165</td><td>30.0</td><td>0.41</td><td>51.4</td><td>64.5</td><td>—</td></tr>
<tr><td>C25</td><td>302</td><td>100</td><td>185</td><td>25</td><td>0.46</td><td>25.1</td><td>37.3</td><td>—</td><td rowspan="2" colspan="2">滨州黄河大桥灌注桩</td></tr>
<tr><td>C30</td><td>323</td><td>107</td><td>185</td><td>25</td><td>0.43</td><td>30.2</td><td>40.7</td><td>—</td></tr>
<tr><td>C25</td><td>279</td><td>93</td><td>160</td><td>25</td><td>0.43</td><td>26.6</td><td>37.5</td><td>—</td><td rowspan="2" colspan="2">滨州黄河大桥承台</td></tr>
<tr><td>C30</td><td>293</td><td>97</td><td>160</td><td>25</td><td>0.41</td><td>28.7</td><td>39.9</td><td>—</td></tr>
<tr><td>C40</td><td>200</td><td>196</td><td>155</td><td>50</td><td>0.41</td><td>—</td><td>48.1</td><td>64.7
(60d)</td><td colspan="2">CCTV 主楼超长超厚底板（2005 年）</td></tr>
<tr><td>C30S8</td><td>260</td><td>156</td><td>184</td><td>37.5</td><td>0.44</td><td>—</td><td>38.5
(42d)</td><td>—</td><td colspan="2">黑龙江科技学院教学主楼基础底板（2001 年）</td></tr>
<tr><td>C25～C30</td><td>301</td><td>129</td><td>180</td><td>30.0</td><td>0.42</td><td>—</td><td>—</td><td>—</td><td rowspan="3">官厅湖特大桥（2002 年）</td><td>灌注桩</td></tr>
<tr><td>C25</td><td>215</td><td>215</td><td>180</td><td>50.0</td><td>0.42</td><td>—</td><td>—</td><td>—</td><td>灌承台</td></tr>
<tr><td>C30～C40</td><td>302</td><td>123</td><td>170</td><td>29.0</td><td>0.40</td><td>—</td><td>—</td><td>—</td><td>灌墩身、墩柱</td></tr>
</table>

表 12　部分高掺量粉煤灰水工混凝土配合比参数

工程名称	混凝土类型	设计指标	骨料级配	水胶比	粉煤灰掺量(%)	混凝土配合比(kg/m^3)			砂率(%)	水泥品种	建成时间(年)
						水泥	粉煤灰	水			
三峡三期围堰	碾压	C_{90}15W8F50	三	0.50	55	75	91	83	34	525 中热	2003
光照	碾压	C_{90}20W6F100	三	0.48	55	71	87	76	32	42.5 普硅	2009
龙滩	碾压	C_{90}15W6F100	三	0.46	58	75	105	83	33	42.5 中热	2008
思林	碾压	C_{90}15W6F50	三	0.50	60	66	100	83	33	42.5 普硅	2011
百色	碾压	C_{180}15W2F50	三	0.60	63	59	101	96	34	42.5 中热	2006
索风营	碾压	C_{90}15W6F50	三	0.55	60	64	96	88	32	42.5 普硅	2004
甘肃龙首	碾压	C_{90}15W6F50	三	0.48	65	60	111	82	30	525 普硅	2001
棉花滩	碾压	C_{180}15W2F50	三	0.60	65	51	96	88	34.5	525 中热	2001
龙门滩	碾压	—	三	—	61.4	54	86	—	—	—	1989
天生桥二级	碾压	C_{90}15W4	三	0.59	60	55	85	83	35	525 普硅	1989
广蓄下库	碾压	—	三	0.56	63.5	62	108	95	37	525 普硅	1992
水口	碾压	—	三	0.49	62.5	60	100	78	30	—	1992
万安	碾压	—	三	0.58	61.8	65	105	99	30	—	1992
岩滩	碾压	—	三	0.57	65.4	55	104	90	30	—	1993
大广坝	碾压	—	三	0.65	66.7	50	100	97	32	525 普硅	1993
江垭	碾压	C_{90}15W8F50	三	0.58	60.0	64	96	93	33	525 中热	1999
石门子	碾压	R_{90}150	三	0.49	64.0	62	110	84	30	—	2000

续表

工程名称	混凝土类型	设计指标	骨料级配	水胶比	粉煤灰掺量(%)	混凝土配合比(kg/m^3)			砂率(%)	水泥品种	建成时间(年)
						水泥	粉煤灰	水			
普定	碾压	$C_{90}15$	三	0.55	65.0	54	99	84	34	525 硅酸盐	1993
蔺河口	碾压	$C_{90}20W6F50$	三	0.47	62.0	66	106	81	34	42.5 中热	2004
奈尔波尔特(南非)	碾压	—	—	0.53	70.0	58.5	136.5	103.4	—	—	1988
乌勒维丹斯(南非)	碾压	—	—	0.43	70.0	58.2	135.8	83.4	—	—	1990
新维多利亚(澳大利亚)	碾压	—	二	0.43	66.7	80	160	105	34	普硅	1991
文格勒斯瓦德(南非)	碾压	—	—	0.90	60	44	66	99	—	—	1990
三峡	常态	$C_{90}15W8F100$	二	0.55	40.0	128	85	117	36	525 中热	2009
			三	0.55	40.0	103	68	94	31		
			四	0.55	40.0	96	64	88	28		
安康	常态	—	四	0.55	46.5	83	72	85	—	525 大坝	1989
渔洞	常态	—	四	0.55	60.2	78	118	108	28	525 硅酸盐	1999
大河口	常态	—	四	0.66	60.2	68	103	113	29	525 硅酸盐	1998
东西关	常态	—	四	0.61	39.9	89	59	90	15.5	425 普硅	1996
漫湾	常态	—	四	0.65	35	106	57	106	26	—	1998
过渡湾	常态	—	四	0.50	50.0	84	84	84	24	325 磷渣	1999
御部(日本)	常态	—	四	0.668	50	80	80	107	26	—	1989
长谷(日本)	常态	—	四	0.671	65	49	91	94	24	中热	—

目前我国相关标准及规定中对混凝土中粉煤灰掺量的允许范围：

（1）《混凝土结构工程施工质量验收规范》GB 50204—2002 中第 7.2.4 条规定："混凝土中掺用矿物掺合料的质量应符合现行国家标准《用于水泥和混凝土的粉煤灰》GB 1596 等的规定。矿物掺合料的掺量应通过试验确定。"

（2）《地下防水工程质量验收规范》GB 50208—2011 中第 4.1.7 条第 2 款规定："粉煤灰掺量宜为胶凝材料总量的 20%～30%。"

（3）中国工程建设标准化协会标准《高强混凝土结构技术规程》CECS 104：99 中第 12.2.4 条规定："粉煤灰掺量不宜大于胶结材料总量的 30%。"

（4）《水运工程混凝土施工规范》JTS 202—2011 中第 5.2.2 条规定，高性能混凝土的粉煤灰掺量为 25%～40%。

（5）《海港工程混凝土结构防腐蚀技术规范》JTJ 275—2000 中第 5.1.5.5 款规定：①用硅酸盐水泥拌制的混凝土不大于 25%；②用普通硅酸盐水泥拌制的混凝土不大于 20%；③用矿渣硅酸盐水泥拌制的混凝土不大于 10%；④经试验论证，最大掺量可不受以上限制。

（6）《公路水泥混凝土路面施工技术细则》JTG/T F30—2014 中第 4.2.12 条规定："粉煤灰最大掺量，Ⅰ型硅酸盐水泥不宜大于 30%；Ⅱ型硅酸盐水泥不宜大于 25%；道路硅酸盐水泥不宜大于 20%。粉煤灰总掺量应通过试验最终确定。"

（7）铁道部《客运专线高性能混凝土暂行技术条件》科技基〔2005〕101 号规定："不同矿物掺合料的掺量应根据混凝土的性能通过试验确定。混凝土中粉煤灰掺量大于 30%时，混凝土的水胶比不得大于 0.45。预应力混凝土及处于冻融环境的混凝土中粉煤灰的掺量不宜大于 30%"。

6 粉煤灰混凝土的施工

6.0.1 现行国家标准《混凝土结构工程施工质量验收规范》GB 50204—2002 规定粉煤灰称量的允许偏差为±2%，《水工混凝土施工规范》DL/T 5144—2001 规定粉煤灰称量的允许偏差为±1%，《公路水泥混凝土路面施工技术细则》JTG/T F30—2014 规定高速公路和一级公路粉煤灰称量的允许偏差为±1%，其他等级公路为±2%。从提高混凝土施工质量和均匀性出发，宜严格控制粉煤灰的称量偏差，因此本条规定粉煤灰称量的允许偏差宜为±1%。

6.0.2 掺粉煤灰混凝土原材料种类多，应适当延长搅拌时间，使拌和物充分搅拌均匀。目前搅拌设备的形式、规格在不断更新，因此具体搅拌时间应参照设备说明书由现场试验确定，取消了原规范中"……应比基准混凝土延长 10s～30s"的规定。

6.0.3 粉煤灰混凝土浇筑与普通不掺粉煤灰的混凝土相近，相同坍落度更易于振实。若在混凝土浇筑中漏振，会使混凝土形成蜂窝麻面，不密实。因粉煤灰密度较小，特别是碳颗粒，过振将使粉煤灰浆体上浮，在混凝土表面出现明显浮浆层，影响表层混凝土质量。因此，在施工中应避免漏振或过振，特别是大坍落度混凝土更应注意。

6.0.4 粉煤灰混凝土的养护非常重要，混凝土浇筑后应及时用塑料薄膜、草袋等遮盖物覆盖，防止风干和太阳曝晒脱水，始终保持混凝土表面湿润，拆模后的粉煤灰混凝土更应该加强养护，特别是混凝土薄壁结构。大掺量粉煤灰混凝土只有长期保持湿度，才能获得较高的后期强度。

粉煤灰混凝土的凝结时间要相对长一些，特别是在环境温度较低时，缓凝更为明显，强度发展缓慢。因此，在低温条件下施工时，应加强对粉煤灰混凝土的表面保温，以保证混凝土正常的凝结和硬化。

当现场施工条件不能满足保温、保湿的养护条件要求时，将对粉煤灰混凝土的强度发展产生不利影响，也容易导致薄壁混凝土结构的干缩开裂。因此，试验室进行混凝土配合比设计时应考虑养护条件对混凝土性能的影响，适当降低粉煤灰掺量。

6.0.5 当粉煤灰用于蒸养混凝土时，由于混凝土的养护温度高，对粉煤灰混凝土早期强度发展有利，但由于生产工艺要求不同，很难制定统一的蒸养制度，应通过试验确定。

7 粉煤灰混凝土的质量检验

7.0.1 本条规定的粉煤灰混凝土的检验项目中，坍落度和抗压强度两项为必需检验项目(碾压混凝土检验VC值和抗压强度)，其他对混凝土具有重要影响的性能，可以根据具体要求增加检验项目。如有抗冻要求的掺引气剂的粉煤灰混凝土，应增测混凝土含气量和抗冻性能；粉煤灰用于防渗结构混凝土时应增测抗渗性；低温条件施工的混凝土应增测混凝土的凝结时间及早龄期的抗压强度等。其检验组数不作强制性规定，根据需要和可能酌情确定。

用于耐腐蚀水泥制品的碱矿渣粉煤灰混凝土 GB/T 29423—2012

1 范围

本标准规定了用于耐腐蚀水泥制品的碱矿渣粉煤灰混凝土（以下简称碱矿渣粉煤灰混凝土）的术语和定义、分类、原材料、技术要求、试验方法、检验规则、贮存与输送等内容。

本标准适用于处于酸、碱、盐环境下耐腐蚀水泥制品使用的碱矿渣粉煤灰混凝土。

2 规范性引用文件

下列文件对于本文件的应用是必不可少的。凡是注日期的引用文件。仅注日期的版本适用于本文件。凡是不注日期的引用文件，其最新版本（包括所有的修改单）适用于本文件。

GB/T 209　工业用氢氧化钠

GB/T 1346　水泥标准稠度用水量、凝结时间、安定性检验方法

GB/T 1596—2005　用于水泥和混凝土中的粉煤灰

GB/T 4209　工业硅酸钠

GB 8076　混凝土外加剂

GB/T 14684　建筑用砂

GB/T 14685　建筑用卵石、碎石

GB/T 17671　水泥胶砂强度检验方法（ISO 法）

GB/T 18046　用于水泥和混凝土中的粒化高炉矿渣粉

GB/T 50080—2002　普通混凝土拌合物性能试验方法标准

GB/T 50081　普通混凝土力学性能试验方法标准

GB/T 50082—2009　普通混凝土长期性能和耐久性能试验方法标准

GB/T 50476—2008　混凝土结构耐久性设计规范

JC/T 681　行星式水泥胶砂搅拌机

JC/T 682　水泥胶砂试体成型振实台

JC/T 726　水泥胶砂试模

JGJ 63　混凝土用水标准

3 术语和定义

下列术语和定义适用于本文件。

3.1　碱性激发剂　alkaline activator

以能激发粉煤灰、矿渣粉等材料潜在活性的碱金属为主组成的化合物。

3.2　碱矿渣粉煤灰耐腐蚀胶凝材料　alkall-activated slag-fly ash cementitious material

以粉煤灰、矿渣粉等为主，在碱性激发剂作用下形成钙铝硅体系的胶凝材料，该胶凝材料具有一定的物理力学性能外，还具有优于硅酸盐类胶凝材料的耐化学腐蚀性。

注：粉煤灰和矿渣粉的量不少于胶凝材料质量的 50%。

3.3 碱矿渣粉煤灰混凝土 alkali-activated slag-fly ash concrete

由碱矿渣粉煤灰耐腐蚀胶凝材料、细骨料、粗骨料、水、外加剂配制的混凝土。

3.4 矿渣粉碱性系数 basicity factor

表示矿渣粉活性的一项指标。它是矿渣粉中氧化钙、氧化镁质量分数之和与二氧化硅、三氧化二铝质量分数之和的比值，$M_0=\frac{CaO+MgO}{SiO_2+Al_2O_3}$。

3.5 耐腐蚀系数 corrosion resistance factor

表示碱矿渣粉煤灰胶凝材料（或混凝土）耐腐蚀能力的指标。用试件经化学腐蚀后的强度值与未经腐蚀同龄期试件强度值之比表示。

4 分类

碱矿渣粉煤灰混凝土按耐腐蚀用途分：耐酸混凝土、耐盐混凝土和耐碱混凝土。

碱矿渣粉煤灰混凝土按所用碱性激发剂种类分为：水玻璃类碱矿渣粉煤灰混凝土和非水玻璃类碱矿渣粉煤灰混凝土。

5 原材料

5.1 粉煤灰

应符合 GB/T 1596—2005 中表 1 和表 2 规定的 F 类Ⅰ级、Ⅱ级粉煤灰。其中化学成分还应满足表 1 要求。

表 1 粉煤灰的化学成分指标

SiO_2/%	Al_2O_3/%	SO_3/%	烧失量/%
≥40	≥20	≤3.0	≤6.0

5.2 矿渣粉

应选用碱性系数 M_0≥0.95，比表面积 400m²/kg±80m²/kg。其他质量指标符合 GB/T 18046 的 S95 以上等级的要求。

5.3 激发剂

水玻璃类激发剂以工业硅酸钠（钾）为主配制而成，其中工业硅酸钠应符合 GB/T 4209，不得混入杂质。

非水玻璃类激发剂的各组成材料中，氢氧化钠符合 GB/T 209 要求，其他材料符合相应产品标准的规定。

液体激发剂不应有沉淀分层，粉状激发剂不应结块，细度应满足 80μm 筛筛余不大于 20%。

5.4 细集料

宜采用中粗砂；砂的质量要求应符合 GB/T 14684 的规定，用于有耐酸要求的水泥制品不应使用碳酸盐类细集料。

5.5 粗集料

粗集料应为碎石或卵石，其最大公称粒径应符合相应水泥制品的要求。粗集料的质量应符合 GB/T 14685 的规定、对有预防碱骨料反应使用要求的水泥制品，不宜使用碱活性集料，用于有耐酸要求的水泥制品不应使用碳酸盐类粗集料。

5.6 水

混凝土用水应符合 JGJ 63 的规定。

5.7 外加剂

外加剂不应对混凝土产生有害影响，其质量要求应符合 GB 8076 的规定。

5.8 掺合料

如使用沸石粉、硅灰等掺合料时，掺合料的质量应分别符合相应标准的规定。

6 技术要求

6.1 新拌混凝土

6.1.1 混凝土的和易性

新拌混凝土的和易性包括稠度、黏聚性和保水性。

混凝土拌合物的稠度应以坍落度或维勃稠度表示。稠度大小应满足水泥制品成型的要求，干硬性混凝土维勃稠度值不宜大于 30s。黏聚性和保水性应符合 GB/T 50080—2002 相应的要求。

6.1.2 凝结时间

初凝不宜小于 45min。

6.1.3 氯离子含量

混凝土中氯离子含量不大于胶凝材料质量的 0.15%。

6.2 硬化混凝土

6.2.1 混凝土强度

强度等级按立方体抗压强度标准值划分为 C30、C35、C40、C45、C50、C55、C60、C70、C80 等 9 个强度等级。

6.2.2 耐化学腐蚀性

6.2.2.1 用于酸性侵蚀场合时，需进行耐酸腐蚀性能试验，耐酸腐蚀系数应不小于 0.80。

6.2.2.2 用于碱性侵蚀场合时，需进行耐碱腐蚀性能试验，耐碱腐蚀系数应不小于 0.80。

6.2.2.3 用于硫酸盐等盐类侵蚀场合时，需进行耐盐腐蚀性能试验，耐盐腐蚀系数应不小于 0.75。

7 试验方法

7.1 混凝土和易性

混凝土和易性的试验按照 GB/T 50080—2002 的规定进行。

7.2 混凝土凝结时间

7.2.1 砂浆法（标准法）

塑性混凝土的凝结时间：按 GB/T 50080—2002 的规定进行测定。

干硬性混凝土凝结时间：用符合 JC/T 681 要求的胶砂搅拌机搅拌出待测试的砂浆，该砂浆采用与混凝土设计配合比相同的胶砂比和水胶比配制，再按照 GB/T 50080—2002 第 4 章的规定进行测定凝结时间。

7.2.2 净浆法（代用法）

用 GB/T 1346 的方法，测定标准稠度用水量下耐腐蚀胶凝材料净浆的凝结时间。

7.3 氯离子含量

氯离子含量测定按 GB/T 50476—2008 附录 D 的要求进行。

7.4 混凝土强度

混凝土强度应按 GB/T 50081 规定的试验方法进行测定。

7.5 耐化学腐蚀性

7.5.1 耐酸腐蚀性能试验按附录 A 的方法进行。

7.5.2 耐碱腐蚀性能试验按附录 A 的方法进行。

7.5.3 耐盐腐蚀性能试验按附录 B 或附录 C 的方法进行。混凝土试件法为标准法，砂浆试件法为代用法。

8 检验规则

8.1 检验分类

检验分为日常检验和型式检验。

8.2 日常检验

8.2.1 检验项目

检验项目包括混凝土的和易性、凝结时间、混凝土抗压强度。

8.2.2 抽样

日常检验的抽样数量为：每天测定一次耐腐蚀胶凝材料凝结时间。每天或每拌制 100 盘（不大于 $100m^3$）同配比的混凝土拌和料应抽取混凝土样品测定一次和易性，同时制作 1 组以上立方体试件用于抗压强度测定。

8.2.3 判定规则

全部检验项目检验合格，则该批混凝土判为合格。

8.3 型式检验

8.3.1 检验条件

有下列情况之一时，应进行型式检验：

a）新产品或老产品转厂生产的试制定型鉴定；

b）正式生产后，如材料、配比、工艺有较大改变可能影响产品性能时；

c）产品停产半年以上恢复生产时；

d）出厂结果与上次型式检验有较大差异时；

e）国家质量监督机构提出进行型式检验要求时。

8.3.2 检验项目

检验项目包括第 6 章规定的全部项目。

8.3.3 抽样

型式检验的抽样数量为：从 2 盘混凝土拌和料各取不少于 60L 的一份混凝土，分别测定混凝土和易性，凝结时间，同时制作 6 组以上立方体试件测定 28d 标准抗压强度和耐化学腐蚀性能。

8.3.4 判定规则

全部检验项目检验合格，则该批产品判为合格。除耐化学腐蚀性能外，若检验项目中有一项不合格，可加倍取样，对该项目进行复检且合格，则判定该批产品为合格品，否则判为不合格品。

9 贮存与输送

新拌混凝土应缩短贮存与输送的时间，及时成型，贮存与输送过程中，可采取覆盖等方法，使混凝土不被脱水、雨淋及冰冻。

附 录 A
（规范性附录）
耐酸和耐碱腐蚀性能试验方法和评定规则（胶砂试件法）

A.1 仪器设备

A.1.1 胶砂搅拌机，符合 JC/T 681 要求。

A.1.2 40mm×40mm×160mm 试模，符合 JC/T 726 要求。

A.1.3 胶砂振实台，符合 JC/T 682 要求。

A.1.4 电热蒸煮箱或可控温的电炉。

A.1.5 直径（边长）140mm 以上，高 180mm 以上带盖耐酸不锈钢锅或其他耐酸、耐碱、耐温容器。

A.1.6 感量 1g，量程不小于 500g 的电子天平。

A.2 胶砂制备

碱矿渣粉煤灰胶砂制备照 GB/T 17671 进行，胶砂比为 1∶3，水胶比为 0.48。

A.3 试件成型

A.3.1 实验室温度

实验室温度控制在 20℃±5℃范围内。

A.3.2 试件成型

成型前将试模清理干净，在试模内涂刷脱模剂，将搅拌好的砂浆装入胶砂试模，按 GB/T 17671 成型。试件顶面用抹刀抹平。

A.3.3 试件数量

耐酸和耐碱腐蚀性能试验需每种腐蚀条件成型试件 4 组，2 组用于试验，另 2 组备用。同种腐蚀条件下用于试验的 2 组试件，1 组试件用于酸或碱侵蚀，另 1 组试件浸入室温的清水用作对比试件，每组试件为 3 条。

A.4 养护

试件采用蒸汽养护加标准养护，蒸汽养护完毕后脱模，进行 7d 标准养护。蒸汽养护的养护制度为静停 2h，升温 3h，恒温 4h，恒温温度 75℃±3℃，降温 2h。

A.5 侵蚀试验

A.5.1 酸侵蚀

A.5.1.1 用电子天平称取适量的化学纯 H_2SO_4 或工业浓硫酸，配出的 10%浓度的硫酸溶液。

A.5.1.2 将完成养护的一组 3 条试件直立放入于耐腐蚀容器中，倒入配好的 10%浓度的硫酸溶液，液面高于试件顶面 10mm 以上，盖上盖子，并将它们移置于调温箱内。

A.5.1.3 调温箱加热，当升温达到 75℃±5℃时，恒温 6h，使其试件快速腐蚀，停止加热，将其自然冷却至室温，40h 后取出试件，用水冲洗表面。观察试件外观。

A.5.2 碱侵蚀

A.5.2.1 用电子天平称取适量的化学纯 NaOH 或工业氢氧化钠，配出的 10%浓度的氢氧化钠溶液。

A.5.2.2 将完成养护的一组 3 条试件直立放入于耐腐蚀容器中，倒入配好的 10%浓度的氢氧化钠溶液，溶液高于试件顶面 10mm 以上，盖上盖子，并将它们移置于调温箱内。

A.5.2.3 试件在调温箱内加热，当升温达到 75℃±5℃时，恒温 6h，使其快速腐蚀，停止加热，将其自然冷却至室温，40h 后取出试件，用水冲洗表面。观察试件外观。

A.6 试件检验

对比侵蚀过的试件与未经侵蚀的试件外观，分别测定抗压强度。

抗压强度按下式计算：

$$Rce=P/A \tag{A.1}$$

式中：

Rce——抗压强度，单位为兆帕（MPa）；

P——破坏荷载，单位为牛（N）；

A——受压面积，单位为平方毫米（mm^2）。

抗压强度计算精确到 0.1MPa。以 3 条试件的 6 个抗压强度平均值作为该组的抗压强度值，6 个数值中的最大值或最小值如与平均值的差超过平均值的 10%，则把该值舍去，其他 5 个数值平均值作为抗压强度值。如 6 个数值中有两个测值与平均值均超过 10%，则此组试验结果作废。

A.7 耐酸、碱腐蚀性能的评定规则

A.7.1 耐腐蚀评定

A.7.1.1 耐酸腐蚀评定指标：外观和耐酸腐蚀系数。

外观：试件外观是否出现可见的裂缝或膨胀。

耐酸腐蚀系数以 Fs 表示，计算精确到 0.01。

$$Fs=Rce,\ s/Rce,\ so \tag{A.2}$$

式中：

Rce，s——经酸液侵蚀后试件的抗压强度，单位为兆帕（MPa）；

Rce，so——未经酸液侵蚀对比试件的抗压强度，单位为兆帕（MPa）。

A.7.1.2 耐碱腐蚀评定指标：外观和耐碱腐蚀系数。

外观：试件外观是否出现可见的裂缝或膨胀。

耐碱腐蚀系数以 Fj 表示，计算精确到 0.01。

$$Fj=Rce.j/Rce,\ jo \tag{A.3}$$

式中：

Rce，j——经碱液侵蚀后试件的抗压强度，单位为兆帕（MPa）；

Rce，jo——未经碱液侵蚀对比试件的抗压强度，单位为兆帕（MPa）。

A.7.2 判定

A.7.2.1 若外观出现可见的裂缝或膨胀，则此组试件耐酸或（和）耐碱腐蚀性能不合格。

A.7.2.2 若外观无可见的裂缝或膨胀，且耐酸腐蚀系数 Fs 不小于 0.80，则此组为耐酸腐蚀性能合格，否则为不合格。若外观无可见的裂缝或膨胀，且耐碱腐蚀系数 Fj 不小于 0.80，则此组为耐碱腐蚀性能合格，否则为不合格。

A.7.2.3 当试验组试件不合格时，允许使用备用试件，以相同方法重复试验一次，如其结果符合 A.7.2.1 和 A.7.2.2 的规定，仍判断为合格，反之判断耐碱或（和）耐碱腐蚀性能不合格。

附 录 B
（规范性附录）
耐盐腐蚀性能试验方法和评定规则（混凝土试件法）

B.1 仪器设备

B.1.1 30L～60L 混凝土强制式搅拌机。

B.1.2 混凝土标准振动台。

B.1.3 烘箱或混凝土抗硫酸盐干湿循环试验机。

B.2 混凝土制备

B.3 试件成型

B.3.1 实验室温度

实验室温度控制在 20℃±5℃范围内。

B.3.2 混凝土试模

用 100mm×100mm×100mm 的立方体试模，成型前将试模清理干净，在试模内涂刷脱模剂。

B.3.3 试件成型：取搅拌好的碱粉煤灰矿渣混凝土 20L，将混凝土装入试模，放置于混凝土振动台进行试件成型，振动时间 20s，试件顶面用抹刀抹平。

B.3.4 试件数量

成型试件 6 组，其中 3 组试件用于盐侵蚀，另 3 组试件浸入清水用作对比试件，每组试件为 3 块。

B.4 养护

试件采用蒸汽养护加标准养护，蒸汽养护完毕后脱模，进行 7d 标准养护。蒸汽养护的养护制度为静停 2h，升温 3h，恒温 4h，恒温温度 75℃±3℃，降温 2h。

B.5 盐侵蚀介质

侵蚀介质用硫酸钠，将纯度 98%以上的硫酸钠配成 5%浓度的溶液备用。

B.6 侵蚀试验

盐侵蚀方法采用干湿循环法。按照 GB/T 50082—2009 第 14 章的方法进行，干湿循环至 150 次结束。计算耐盐腐蚀系数。

B.7 试件检验

对比侵蚀过的试件与未经侵蚀的试件外观，分别测定抗压强度。

抗压强度按下式计算：

$$Rc=P/A \tag{B.1}$$

式中：

Rc——抗压强度，单位为兆帕（MPa）；

P——破坏荷载，单位为牛（N）；

A——受压面积，单位为平方毫米（mm^2）。

抗压强度计算精确到 0.1MPa。以 3 块试件的抗压强度平均值作为该组的抗压强度值，3 个数值中的最大值或最小值如有一个与中间值的差超过该中间值的 15%，则把最大及最小值一并舍去，取中间值作为抗压强度值。如有两个测值与中间值之差均超过 15%，则此试验结果作废。

B.8 耐盐腐蚀性能的评定准则

B.8.1 评定指标：外观和耐盐腐蚀系数。

外观：试件外观是否出现可见的裂缝或膨胀。

耐盐腐蚀系数：耐盐腐蚀系数以 Fyc 表示，计算精确到 0.01。

$$Fyc=Rc，y/Rc，yo \tag{B.2}$$

式中：

Rc，y——经盐液侵蚀后试件的抗压强度，单位为兆帕（MPa）；

Rc，yo——未经盐液侵蚀的同龄期对比试件抗压强度，单位为兆帕（MPa）

B.8.2 判定

若 3 组试件中有 2 组及以上的耐盐腐蚀系数 Fyc 不小于 0.75，且 3 组耐盐腐蚀系数的最小值不小于 0.70，判定为耐盐腐蚀性能合格。

反之判断耐盐腐蚀性能不合格。

附　录　C
（规范性附录）
耐盐腐蚀性能试验方法和评定规则（胶砂试件法）

C.1 仪器设备

C.1.1 胶砂搅拌机，符合 JC/T 681 要求。

C.1.2 40mm×40mm×160mm 试模，符合 JC/T 726 要求。

C.1.3 胶砂振实台，符合 JC/T 682 要求。

C.1.4 烘箱或混凝土抗硫酸盐干湿循环试验机。

C.2 胶砂制备

碱矿渣粉煤灰胶砂制备照 GB/T 17671 进行，胶砂比为 1：3，水胶比为 0.48。

C.3 试件成型

C.3.1 实验室温度

实验室温度控制在 20℃±5℃范围内。

C.3.2 试件成型

成型前将试模清理干净，在试模内涂刷脱模剂，将搅拌好的砂浆装入胶砂试模，按 GB/T 17671 成型。试件顶面用抹刀抹平。

C.3.3 试件数量

成型试件6组，其中3组试件用于盐侵蚀，另3组试件浸入清水用作对比试件，每组试件为3条。

C.4 养护

试件采用蒸汽养护加标准养护，蒸汽养护完毕后脱模，进行7d标准养护。蒸汽养护的养护制度为静停2h，升温3h，恒温4h，恒温温度75℃±3℃，降温2h。

C.5 盐侵独介质

侵蚀介质用硫酸钠，将纯度98%以上的硫酸钠配成5%浓度的溶液备用。

C.6 侵蚀试验

盐侵蚀方法采用干湿循环法。

在常温硫酸钠溶液内放入完成养护的3组试件，浸泡6h，取出后在65℃±5℃下烘干3h，冷却1h后再进入第二次干湿循环，如此往复至120次循环结束。将侵蚀过的试件与未经侵蚀的对比试件移置于试验室，分别测定抗压强度，计算耐盐腐蚀系数。

C.7 试件检验

对比侵蚀过的试件与未经侵蚀的试件外观，分别测定抗压强度。

抗压强度按下式计算：

$$Rc=P/A \tag{C.1}$$

式中，

Rc——抗压强度，单位为兆帕（MPa）；

P——破坏荷载，单位为牛（N）；

A——受压面积，单位为平方毫米（mm^2）。

抗压强度计算精确到0.1MPa。以3条试件的6个抗压强度平均值作为该组的抗压强度值，6个数值中的最大值或最小值如与平均值的差超过平均值的10%，则把该值舍去，其他5个数值平均值作为抗压强度值。如6个数值中有两个测值与平均值均超过10%，则此组试验结果作废。

C.8 耐盐腐蚀性能的评定准则

C.8.1 评定指标：耐盐腐蚀系数

耐盐腐蚀系数：耐盐腐蚀系数以$Fyce$表示，计算精确到0.01.

$$Fyce=Rce，y/Rce，yo \tag{C.2}$$

式中：

Rce，y——经盐液侵蚀后试件的抗压强度，单位为兆帕（MPa）；

Rce，yo——未经盐液侵蚀试件的抗压强度，单位为兆帕（MPa）。

C.8.2 判定

若3组试件中有2组及以上的耐盐腐蚀系数$Fyce$不小于0.75，且3组耐盐腐蚀系数的最小值不小于0.70，判定为耐盐腐蚀性能合格。

反之判断耐盐腐蚀性能不合格。

建材用粉煤灰及煤矸石化学分析方法 GB/T 27974—2011

1 范围

本标准规定了建材用粉煤灰及煤矸石化学分析方法。

本标准适用于建材用粉煤灰及煤矸石和指定采用本标准的其他材料。

2 规范性引用文件

下列文件对于本文件的应用是必不可少的。凡是注日期的引用文件，仅注日期的版本适用于本文件。凡是不注日期的引用文件，其最新版本（包括所有的修改单）适用于本文件。

GB/T 6682 分析实验室用水规格和试验方法

GB/T 12573 水泥取样方法

3 试验的基本要求

3.1 试验次数与要求

每项试验次数为两次，用两次试验结果的平均值表示测定结果。

在进行化学分析时，除另有说明外，必须同时进行烧失量的测定；其他各项测定应同时进行空白试验，并对测定结果加以校正。

3.2 质量、体积、滴定度和结果的表示

用克（g）表示质量，精确至 0.0001g。滴定管体积用毫升（mL）表示，精确至 0.05mL。滴定度单位用毫克每毫升（mg/mL）表示。

标准滴定溶液的滴定度和体积比经修约后保留有效数字四位。

除另有说明外，各项分析结果均以质量分数计。各项分析结果以%表示至小数后二位。

3.3 空白试验

使用相同量的试剂，不加入试样，按照相同的测定步骤进行试验，对得到的测定结果进行校正。

3.4 灼烧

将滤纸和沉淀放入预先已灼烧并恒量的坩锅中，为避免产生火焰，在氧化性气氛中缓慢干燥、灰化，灰化至无黑色炭颗粒后，放入高温炉（5.7）中，在规定的温度下灼烧。在干燥器（5.5）中冷却至室温，称量。

3.5 恒量

经第一次灼烧、冷却、称量后，通过连续对每次 15min 的灼烧，然后冷却、称量的方法来检查恒定质量，当连续两次称量之差小于 0.0005g 时，即达到恒量。

3.6 检查氯 Cl^- 离子（硝酸银检验）

按规定洗涤沉淀数次后，用数滴水淋洗漏斗的下端，用数毫升水洗涤滤纸和沉淀，将滤液收集在试管中，加几滴硝酸银溶液（4.28），观察试管中溶液是否浑浊。如果浑浊，继续洗涤并定期检查，直至用硝酸银检验不再浑浊为止。

4 试剂和材料

除另有说明外，所用试剂应不低于分析纯。所用水应符合 GB/T 6682 中规定的三级水要求。

本标准所列市售浓液体试剂的密度指 20℃的密度（ρ），单位为克每立方厘米（g/cm^3）。在化学分析中，所用酸或氨水，凡未注浓度者均指市售的浓酸或浓氨水。用体积比表示试剂稀释程度，例如，盐酸（1+2）表示 1 份体积的浓盐酸与 2 份体积的水相混合。

4.1 盐酸（HCl）

ρ 为 $1.18g/cm^3 \sim 1.19g/cm^3$，质量分数 36%～38%。

4.2 氢氟酸（HF）

ρ 为 $1.15g/cm^3 \sim 1.18g/cm^3$，质量分数 40%。

4.3 硝酸（HNO_3）

ρ 为 $1.39g/cm^3 \sim 1.41g/cm^3$，质量分数 65%～68%。

4.4 硫酸（H_2SO_4）

ρ 为 $1.84g/cm^3$，质量分数 95%～98%

4.5 冰乙酸（CH_3COOH）

ρ 为 $1.05g/cm^3$，质量分数 99.8%

4.6 磷酸（H_3PO_4）。

ρ 为 $1.68g/cm^3$，质量分数 85%。

4.7 氨水（$NH_3 \cdot H_2O$）

ρ 为 $0.90g/cm^3 \sim 0.91g/cm^3$，质量分数 25%～28%。

4.8 三乙醇胺［$N(CH_2CH_2OH)_3$］

ρ 为 $1.12g/cm^3$，质量分数 99%。

4.9 乙醇或无水乙醇（C_2H_5OH）

乙醇的体积分数 95%，无水乙醇的体积分数不低于 99.5%。

4.10 乙二醇（$HOCH_2CH_2OH$）

体积分数 99%。

4.11 盐酸溶液

4.11.1 盐酸（1+1）

1 份体积的浓盐酸与 1 份体积的水相混合均匀。

4.11.2 盐酸（1+2）

1 份体积的浓盐酸与 2 份体积的水相混合均匀。

4.11.3 盐酸（1+5）

1 份体积的浓盐酸与 5 份体积的水相混合均匀。

4.12 硝酸溶液

4.12.1 硝酸（1+2）

1 份体积的浓硝酸与 2 份体积的水相混合均匀。

4.12.2 硝酸（1+9）

1 份体积的浓硝酸与 9 份体积的水相混合均匀。

4.12.3 硝酸（1+100）

1 份体积的浓硝酸与 100 份体积的水相混合均匀。

4.13 硫酸溶液

4.13.1 硫酸（1+1）

1 份体积的浓硫酸慢慢注入 1 份体积的水中并不断搅拌混合均匀。

4.13.2 硫酸（1+2）

1 份体积的浓硫酸慢慢注入 2 份体积的水中并不断搅拌混合均匀。

4.13.3 硫酸（1+4）

1 份体积的浓硫酸慢慢注入 4 份体积的水中并不断搅拌混合均匀。

4.13.4 硫酸（1+9）

1 份体积的浓硫酸慢慢注入 9 份体积的水中并不断搅拌混合均匀。

4.13.5 硫酸（5+95）

5 份体积的浓硫酸慢慢注入 95 份体积的水中并不断搅拌混合均匀。

4.14 磷酸（1+1）

1 份体积的浓磷酸与 1 份体积的水相混合均匀。

4.15 氨水（1+1）

1 份体积的浓氨水与 1 份体积的水相混合均匀。

4.16 三乙醇胺（1+2）

1 份体积的三乙醇胺与 1 份体积的水相混合均匀。

4.17 氢氧化钠（NaOH）

固体颗粒，密封保存。

4.18 无水碳酸钠（Na_2CO_3）

将无水碳酸钠（Na_2CO_3）用玛瑙研钵研细至粉末状保存。

4.19 焦硫酸钾（$K_2S_2O_7$）

将市售的焦硫酸钾（$K_2S_2O_7$）在瓷蒸发皿中加热熔化，加热至无泡沫发生，冷却并压碎熔融物，贮存于密封瓶中。

4.20 碳酸钠-硼砂混合溶剂（2+1）

将 2 份质量的无水碳酸钠的（Na_2CO_3）与 1 份质量的无水硼砂（$Na_2B_4O_7$）混匀研细，贮存于密封瓶中。

4.21 艾士卡试剂

将 2 份质量的轻质氧化镁（MgO）写 1 份质量的无水碳酸钠（Na_2CO_3）混匀并研细至粒度小于 0.2mm 后，贮存于密封瓶中。

4.22 高碘酸钾（KIO_4）

固体研细，密闭保存。

4.23 盐酸羟胺（$NH_2OH \cdot HCl$）

固体研细，密闭保存。

4.24 五氧化二钒（V_2O_5）

粉末状固体，密闭保存。

4.25 氢氧化钠溶液（10g/L）

将10g氢氧化钠（NaOH）溶于水中，加水稀释至1L。贮存于塑料瓶中。

4.26 氢氧化钾溶液（200g/L）

将200g氢氧化钾（KOH）溶于水中，加水稀释至1L。贮存于塑料瓶中。

4.27 氯化钡溶液（100g/L）

将100g氯化钡（$BaCl_2 \cdot 2H_2O$）溶于水中，加水稀释至1L。

4.28 硝酸银溶液（5g/L）

将0.5g硝酸银（$AgNO_3$）溶于水中，加入1mL硝酸，加水稀释至100mL，贮存于棕色瓶中。

4.29 二安替比林甲烷溶液（30g/L盐酸溶液）

将6g二安替比林甲烷（$C_{23}H_{24}N_4O_2$）溶于200mL盐酸（1＋11）中，必要时过滤后使用。

4.30 碳酸铵溶液（100g/L）

将10g碳酸铵［$(NH_4)_2CO_3$］溶解于100mL水中。用时现配。

4.31 pH4.3的缓冲溶液

将42.3g无水乙酸钠（CH_3COONa）溶于水中，加入80mL冰乙酸（CH_3COOH），加水稀释至1L。

4.32 pH6的缓冲溶液

将200g无水乙酸钠（CH_3COONa）溶于水中，加入20mL冰乙酸（CH_3COOH），加水稀释至1L。

4.33 pH10的缓冲溶液

将67.5g氯化铵（NH_4Cl）溶于水中，加入570mL氨水（$NH_3 \cdot H_2O$），加水稀释至1L。

4.34 酒石酸钾钠溶液（100g/L）

将10g酒石酸钾钠（$C_4H_4KNaO_6 \cdot 4H_2O$）溶于水中，加水稀释至100mL。

4.35 氯化钾（KCl）

颗粒粗大时，应研细后使用。

4.36 氯化钾溶液（50g/L）

将50g氯化钾（KCl）溶于水中，加水稀释至1L。

4.37 氯化钾-乙醇溶液（50g/L）

将5g氯化钾（KCl）溶于50mL水后，加入50mL乙醇（4.9），混匀。

4.38 氟化钾溶液（150g/L）

将150g氟化钾（$KF \cdot 2H_2O$）放入塑料杯中，加水溶解后，加水稀释至1L，贮存于塑料瓶中。

4.39 氟化钾溶液（20g/L）

将20g氟化钾（$KF \cdot 2H_2O$）溶于水中，加水稀释至1L，贮存于塑料瓶中。

4.40 电解液

将6g碘化钾（KI）和6g溴化钾（KBr）溶于100mL水中，加入10mL冰乙酸（CH_3COOH），加水稀释至300mL。

4.41 氢氧化钠-无水乙醇溶液（0.1mol/L）

将 0.4g 氢氧化钠（NaOH）溶于 100mL 无水乙醇（4.9）中。

4.42 乙二醇-无水乙醇溶液（2+1）

将 1000mL 乙二醇（4.10）与 500mL 无水乙醇（4.9）混合，加入 0.5g 酚酞，混匀。用氢氧化钠-无水乙醇溶液（4.41）中和至微红色。贮存于干燥密封的容器中，防止吸潮。

4.43 氟化铵溶液（100g/L）

称取 100g 氟化铵（$NH_4F \cdot 2H_2O$）放入塑料烧杯中，加入 200mL 水溶解后，用水稀释至 1L。

4.44 苦杏仁酸溶液（100g/L）

将 100g 苦杏仁酸（苯羟乙酸）［$C_6H_5CH(OH)COOH$］溶于 1L 热水中，并用氨水（1+1）调节 pH 值约为 4（用精密 pH 试纸检验）。

4.45 抗坏血酸溶液（50g/L）

将 5g 抗坏血酸（V.C）溶于 100mL 水中，必要时过滤后使用。用时现配。

4.46 二氧化钛（TiO_2）标准溶液工作曲线的绘制

4.46.1 标准溶液的配制

称取 0.1000g 已于 950℃灼烧过 60min 的二氧化钛（TiO_2，光谱纯），精确至 0.0001g，置于铂坩埚中，加入 2g 焦硫酸钾（4.19），在 500℃～600℃下熔融至透明。冷却后，熔块用硫酸（1+9）浸出，加热至 50℃～60℃使熔块完全溶解，冷却后移入 1000mL 容量瓶中，用硫酸（1+9）稀释至标线，摇匀。此标准溶液每毫升含 0.1mg 二氧化钛。

吸取 100.00mL 上述标准溶液放入 500mL 容量瓶中，用硫酸（1+9）稀释至标线，摇匀。此标准溶液每毫升含 0.02mg 二氧化钛。

4.46.2 工作曲线的绘制

吸取每毫升含 0.02mg 二氧化钛的标准溶液 0.00mL、2.00mL、4.00mL、6.00mL、8.00mL、10.00mL、12.00mL、15.00mL 分别放入 100mL 容量瓶中，依次加入 10mL 盐酸（1+2）、10mL 抗坏血酸溶液（4.45）、5mL 乙醇（4.9）、20mL 二安替比林甲烷溶液（4.29），用水稀释至标线，摇匀。放置 40min 后，使用分光光度计，10mm 比色皿，以水作参比，于波长 420nm 处测定溶液的吸光度。用测得的吸光度作为相对应的二氧化钛含量的函数，绘制工作曲线。

4.47 氧化钾（K_2O）、氧化钠（Na_2O）标准溶液工作曲线的绘制

4.47.1 氧化钾、氧化钠标准溶液的配制

称取 1.583g 已于 105℃～110℃烘过 2h 的氯化钾（KCl，基准试剂或光谱纯）及 1.886g 已于 105℃～110℃烘过 2h 的氯化钠（NaCl，基准试剂或光谱纯），精确至 0.0001g，置于烧杯中，加水完全溶解后，移入 1000mL 容量瓶中，用水稀释至标线，摇匀。贮存于塑料瓶中。此标准溶液每毫升含 1mg 氧化钾及 1mg 氧化钠。

吸取 50.00mL 上述标准溶液放入 1000mL 容量瓶中，用水稀释至标线，摇匀。贮存于塑料瓶中。此标准溶液每毫升含 0.05mg 氧化钾和 0.05mg 氧化钠。

4.47.2 工作曲线的绘制

吸取每毫升含 1mg 氧化钾及 1mg 氧化钠的标准溶液 0.00mL、2.50mL、5.00mL、10.00mL、15.00mL、20.00mL，分别放入 500mL 容量瓶中，用水稀释至标线，摇匀。贮

存于塑料瓶中。将火焰光度计调节至最佳工作状态，按仪器使用规程进行测定。用测得的检流计读数作为相对应的氧化钾和氧化钠含量的函数，绘制工作曲线。

4.48 一氧化锰（MnO）标准溶液工作曲线的绘制

4.48.1 无水硫酸锰（$MnSO_4$）

取一定量硫酸锰（$MnSO_4$，光谱纯）或含水硫酸锰（$MnSO_4 \cdot xH_2O$）置于称量瓶中，在250℃温度下烘干至恒量，所获得的产物为无水硫酸锰（$MnSO_4$）。

4.48.2 标准溶液的配制

称取0.1064g无水硫酸锰（$MnSO_4$），精确至0.001g，置于300mL烧杯中，加水溶解后，加入约1mL硫酸（1+1），移入1000mL容量瓶中，用水稀释至标线，摇匀。此标准溶液每毫升含0.05mg一氧化锰。

4.48.3 工作曲线的绘制

吸取每毫升含0.05mg一氧化锰的标准溶液0.00mL、2.00mL，6.00ml、10.00mL、14.00mL、20.00m分别放入50mL烧杯中，加入5mL磷酸（1+1）及10mL硫酸（1+1），加水稀释至约50mL，加入约1g高碘酸钾（4.22），加热微沸15min至溶液达到最大颜色深度，冷却至室温，移入100mL容量瓶中，用水稀释至标线，摇匀。使用分光光度计，10mm比色皿，以水作参比，于波长530nm处测定溶液的吸光度。用测得的吸光度作为相对应的一氧化锰含量的函数，绘制工作曲线。

4.49 碳酸钙标准溶液［c（$CaCO_3$）＝0.024mol/L］

称取0.6g（m_1）已于105℃～110℃烘过2h的碳酸钙（$CaCO_3$，基准试剂），精确至0.0001g，置于400mL烧杯中，加入约100mL水，盖上表面皿，沿杯口慢慢加入10mL盐酸（1+1），至碳酸钙全部溶解，加热煮沸2min～3min。将溶液冷却至室温，移入250mL容量瓶中，用水稀释至标线，摇匀。

4.50 EDTA标准滴定溶液［c（EDTA）＝0.015mol/L］

4.50.1 EDTA标准滴定溶液的配制

称取约5.6g EDTA（乙二胺四乙酸二钠，$C_{10}H_{14}N_2O_8Na_2 \cdot 2H_2O$）置于烧杯中，加入约200mL水，加热溶解，过滤，加水稀释至1L，摇匀。

4.50.2 EDTA标准滴定溶液浓度的标定

吸取25.00mL碳酸钙标准溶液（4.49）放入400mL烧杯中，加水稀释至约200mL，加入适量的CMP混合指示剂（4.55），在搅拌下加入氢氧化钾溶液（4.26）至出现绿色荧光后再过量2mL～3mL，用EDTA标准滴定溶液滴定至绿色荧光消失并呈现红色。

EDTA标准滴定溶液的浓度按式（1）计算：

$$c(\text{EDTA}) \frac{m_1 \times 25 \times 1000}{250 \times V_1 \times 100.09} \tag{1}$$

式中：

c（EDTA）——EDTA标准滴定溶液的浓度，单位为摩尔每升（mol/L）；

V_1——滴定时消耗EDTA标准滴定溶液的体积，单位为毫升（mL）；

m_1——按（4.49）配制碳酸钙标准溶液的碳酸钙的质量，单位为克（g）；

25——吸取溶液的体积，单位为毫升（mL）；

250——溶液的总体积，单位为毫升（mL）；

100.09——$CaCO_3$的摩尔质量，单位为克每摩尔（g/mol）。

4.50.3 EDTA标准滴定溶液对各氧化物的滴定度的计算

EDTA标准滴定溶液对三氧化二铁、三氧化二铝、氧化钙、氧化镁的滴定度分别按式（2)、式（3)、式（4)、式（5）计算：

$$T_{Fe_2O_3}=c(EDTA)\times 79.84 \tag{2}$$

$$T_{Al_2O_3}=c(EDTA)\times 50.98 \tag{3}$$

$$T_{CaO}=c(EDTA)\times 56.08 \tag{4}$$

$$T_{MgO}=c(EDTA)\times 40.31 \tag{5}$$

式中：

$T_{Fe_2O_3}$——EDTA标准滴定溶液对三氧化二铁的滴定度，单位为毫克每毫升（mg/mL)；

$T_{Al_2O_3}$——EDTA标准滴定溶液对三氧化二铝的滴定度，单位为毫克每毫升（mg/mL)；

T_{CaO}——EDTA标准滴定溶液对氧化钙的滴定度，单位为毫克每毫升（mg/mL)；

T_{MgO}——EDTA标准滴定溶液对氧化镁的滴定度，单位为毫克每毫升（mg/mL)；

c（EDTA）——EDTA标准滴定溶液的浓度，单位为摩尔每升（mol/L)；

79.84——（$1/2Fe_2O_3$）的摩尔质量，单位为克每摩尔（g/mol)；

50.98——（$1/2Al_2O_3$）的摩尔质量，单位为克每摩尔（g/mol)；

56.08——CaO的摩尔质量，单位为克每摩尔（g/mol)；

40.31——MgO的摩尔质量，单位为克每摩尔（g/mol)。

4.51 硫酸铜标准滴定溶液［c（$CuSO_4$）=0.015 mol/L］

4.51.1 硫酸铜标准滴定溶液的配制

称取约3.7g硫酸铜（$CuSO_4 \cdot 5H_2O$）溶于约200mL水，加入4～5滴硫酸（1+1)，加水稀释至1L，摇匀。

4.51.2 EDTA标准滴定溶液与硫酸铜标准滴定溶液体积比的标定

从滴定管中缓慢放出10mL～15mL EDTA标准滴定溶液（4.50）于400mL烧杯中，加水稀释至约150mL，加入15mL pH值为4.3的缓冲溶液（4.31)，加热至沸，取下稍冷，加入5～6滴PAN指示剂溶液（4.59)，用硫酸铜标准滴定溶液滴定至亮紫色。

EDTA标准滴定溶液与硫酸铜标准滴定溶液的体积比按式（6）计算：

$$K_1=\frac{V_2}{V_3} \tag{6}$$

式中：

K_1——EDTA标准滴定溶液与硫酸铜标准滴定溶液的体积比；

V_2——加入EDTA标准滴定溶液的体积，单位为毫升（mL)；

V_3——滴定时消耗硫酸铜标准滴定溶液的体积，单位为毫升（mL)。

4.52 乙酸铅标准滴定溶液［c（Pb（$CH_3COO)_2$）=0.015 mol/L］

4.52.1 乙酸铅标准滴定溶液的配制

称取5.7g乙酸铅［Pb（$CH_3COO)_2 \cdot 3H_2O$］置于400mL烧杯中，溶于约250mL水，加入5mL冰乙酸，用水稀释至1L，摇匀，放置过夜后标定。

4.52.2 EDTA标准滴定溶液与乙酸铅标准滴定溶液体积比的标定

从滴定管中缓慢放出10mL～15mL EDTA标准滴定溶液（4.50）于300mL烧杯中，用水稀释至约150mL，加入10mL pH值为6的缓冲溶液（4.32）及7～8滴半二甲酚橙指示剂溶液（4.62），以乙酸铅标准滴定溶液滴定至红色。

EDTA标准滴定溶液与乙酸铅标准滴定溶液的体积比按式（7）计算：

$$K_2=\frac{V_4}{V_5} \tag{7}$$

式中：

K_2——每毫升乙酸铅标准滴定溶液相当于EDTA标准滴定溶液的毫升数；

V_4——滴定时消耗EDTA标准滴定溶液的体积，单位为毫升（mL）；

V_5——滴定时消耗乙酸铅标准滴定溶液的体积，单位为毫升（mL）。

4.53 氢氧化钠标准滴定溶液［c（NaOH）＝0.15 mol/L］

4.53.1 氢氧化钠标准滴定溶液的配制

称取30g氢氧化钠（NaOH）溶于水后，加水稀释至5L，充分摇匀，贮存于塑料瓶或带胶塞（装有钠石灰干燥管）的硬质玻璃瓶内。

4.53.2 氢氧化钠标准滴定溶液浓度的标定

称取约0.8g（m_2）苯二甲酸氢钾（$C_8H_5KO_4$，基准试剂），精确至0.0001g，置于400mL烧杯中，加入约200mL预先新煮沸过并冷却后用氢氧化钠溶液中和至酚酞呈微红色的冷水，搅拌使其溶解，加入6～7滴酚酞指示剂溶液（4.57），用氢氧化钠标准滴定溶液滴定至微红色。

氢氧化钠标准滴定溶液的浓度按式（8）计算：

$$c(\text{NaOH})=\frac{m_2\times1000}{V_6\times204.2} \tag{8}$$

式中：

c（NaOH）——氢氧化钠标准滴定溶液的浓度，单位为摩尔每升（mol/L）；

V_6——滴定时消耗氢氧化钠标准滴定溶液的体积，单位为毫升（mL）；

m_2——称取苯二甲酸氢钾的质量，单位为克（g）；

204.2——苯二甲酸氢钾的摩尔质量，单位为克每摩尔（g/mol）。

4.53.3 氢氧化钠标准滴定溶液对二氧化硅的滴定度的计算

氢氧化钠标准滴定溶液对二氧化硅的滴定度按式（9）计算：

$$T_{SiO_2}=c(\text{NaOH})\times15.02 \tag{9}$$

式中：

T_{SiO_2}——氢氧化钠标准滴定溶液对二氧化硅的滴定度，单位为毫克每毫升（mg/mL）；

c（NaOH）——氢氧化钠标准滴定溶液的浓度，单位为摩尔每升（mol/L）；

15.02——（1/4SiO_2）的摩尔质量，单位为克每摩尔（g/mol）。

4.54 苯甲酸-无水乙醇标准滴定溶液［c（C_6H_5COOH）＝0.1mol/L］

4.54.1 苯甲酸-无水乙醇标准滴定溶液的配制

称取12.2 g已在干燥器（5.5）中干燥24h后的苯甲酸（C_6H_5COOH）溶于1000mL无

水乙醇（4.9）中，贮存在带胶塞（装有硅胶干燥管）的玻璃瓶内。

4.54.2 苯甲酸-无水乙醇标准滴定溶液对氧化钙滴定度的标定

取一定量碳酸钙（$CaCO_3$，基准试剂）置于铂（或瓷）坩埚中，在950℃下灼烧至恒量，从中称取0.04g氧化钙（m_3），精确至0.0001g，置于250mL干燥的锥形瓶中，加入30mL乙二醇-无水乙醇溶液（4.42），放入一根搅拌子，装上回流冷凝管，置于游离氧化钙测定仪（5.15）上，打开电源开关，以适当的速度搅拌溶液，同时升温并加热煮沸，当冷凝下的乙醇开始连续滴下时，继续在搅拌下微沸4min后，取下锥形瓶，立即用苯甲酸-无水乙醇标准滴定溶液滴定至微红色消失。

苯甲酸-无水乙醇标准滴定溶液对氧化钙的滴定度按式（10）计算：

$$T_{CaO}=\frac{m_3\times 1000}{V_7} \tag{10}$$

式中：

T_{CaO}——苯甲酸-无水乙醇标准滴定溶液对氧化钙的滴定度，单位为毫克每毫升（mg/mL）；

V_7——滴定时消耗苯甲酸-无水乙醇标准滴定溶液的总体积，单位为毫升（mL）；

m_3——称取氧化钙的质量，单位为克（g）。

4.55 钙黄绿素-甲基百里香酚蓝-酚酞混合指示剂（简称CMP混合指示剂）

称取1.000 g钙黄绿素、1.000g甲基百里香酚蓝、0.200g酚酞与50g已在105℃～110℃烘干过的硝酸钾（KNO_3）混合研细，保存在磨口瓶中。

4.56 酸性铬蓝K-萘酚绿B混合指示剂（简称K-B混合指示剂）

称取1.000g酸性铬蓝K、2.500g萘酚绿B与50g已在150℃～110℃烘干过的硝酸钾（KNO_3）混合研细，保存在磨口瓶中。

滴定终点颜色不正确时，可调节酸性铬蓝K与萘酚绿B的配制比例，并通过国家标准样品/标准物质进行对比确认。

4.57 酚酞指示剂溶液（10g/L）

将1g酚酞溶于100mL乙醇（4.9）中。

4.58 磺基水杨酸钠指示剂溶液（100g/L）

将10g磺基水杨酸钠（$C_7H_5O_6SNa\cdot 2H_2O$）溶于水中，加水稀释至100mL。

4.59 1-（2-吡啶偶氮）-2萘酚指示剂溶液（简称PAN指示剂溶液）（2g/L）

将0.2g 1-（2-吡啶偶氮）-2萘酚溶于100mL乙醇（4.9）中。

4.60 甲基红指示剂溶液（2g/L）

将0.2g甲基红溶于100mL乙醇（4.9）中。

4.61 硝酸银溶液（5g/L）

将5g硝酸银（$AgNO_3$）溶于水中，加水稀释至1L。

4.62 半二甲酚橙指示剂溶液（5g/L）

将0.5g半二甲酚橙溶于100mL水中。

5 仪器与设备

5.1 天平

精确至0.0001g。

5.2 铂、银、瓷坩埚

带盖，容量 20mL～50mL。

5.3 铂皿

容量 50mL～100mL。

5.4 瓷蒸发皿

容量 100mL～150mL。

5.5 干燥器

内装变色硅胶。

5.6 干燥箱

可控制在（105±5）℃、(150±5)℃、(250±5)℃温度。

5.7 高温炉

隔焰加热炉，在炉膛外围进行电阻加热。应使用温度控制器准确控制炉温，可控制(700±25)℃、(950±25)℃温度。

5.8 滤纸

快速、中速、慢速三种型号的定量滤纸。

5.9 玻璃容量器皿

滴定管、容量瓶、移液管。

5.10 磁力搅拌器

带有塑料壳的搅拌子，具有调速和加热功能。

5.11 分光光度计

可在波长 400nm～800nm 范围内测定溶液的吸光度，带有 10mm、20mm 比色皿。

5.12 火焰光度计

可稳定地测定钾在波长 768nm 处和钠在波长 589nm 处的谱线强度。

5.13 库仑积分测硫仪

由管式高温炉、电解池、磁力搅拌器和库仑积分器组成。

5.14 瓷舟

长 70mm～80mm，可耐温 1200℃以上。

5.15 游离氧化钙测定仪

具有加热、搅拌、计时功能，并配有回流冷凝管。

6 试样的制备

6.1 含水量测定用试样制备

按 GB/T 12573 方法取样，样品应是具有代表性的均匀性样品。经过破碎后，采用四分法或缩分器将试样缩分至约 200g，充分混匀，一分为二，装入两个试样瓶中，密封保存，试样标识，其中一个试样，供测定含水量用。另一个试样供化学分析试样制备用。

6.2 化学分析用试样制备

供化学分析试验所用试样，如因水份较大无法研磨时，需先在 105℃～110℃的温度下加热烘干。经研磨后，用磁铁吸去筛余物中金属铁，使其全部通过孔径为 80μm 方孔筛，充分混匀，装入试样瓶中，再在105℃～110℃的温度下加热烘干2h以上，取出密封保存于干燥器中。

7 含水量的测定——烘干法

7.1 方法提要

试样在105℃～110℃的温度下，水分经高温加热完全蒸发，然后在干燥器中冷却到室温，称量。

7.2 分析步骤

称取测定含水量的试样（6.1）10g（m_4），精确至0.0001g，放入已恒重的瓷蒸发皿（m_5）中，放至鼓风干燥箱中，在105℃～110℃的温度下烘干1h，取出瓷蒸发皿置于干燥器（5.5）中，冷却至室温，称量。反复烘干，直至恒量（m_6）。

7.3 结果的计算与表示

含水量的质量百分数 w_{H_2O} 按式（11）计算：

$$w_{H_2O}=\frac{m_5-m_6}{m_4}\times 100 \tag{11}$$

式中：

w_{H_2O}——含水量的质量分数，%；

m_4——试料的质量，单位为克（g）；

m_5——烘干前试料和瓷蒸发皿的质量，单位为克（g）；

m_6——烘干后试料和瓷蒸发皿的质量，单位为克（g）。

8 烧失量的测定——灼烧差减法

8.1 方法提要

试样在950℃±25℃的高温炉中灼烧，去除二氧化碳和水分，同时将存在的易氧化的元素氧化。

8.2 分析步骤

称取化学分析用试样（6.2）约1g（m_7），精确至0.0001g，放入已灼烧恒量的瓷坩埚（m_8）中，将盖斜置于坩埚上，放在高温炉（5.7）内，从低温开始逐渐升高温度，在950℃±25℃下灼烧15min～20min，取出坩埚置于干燥器（5.5）中，冷却至室温，称量。反复灼烧，直至恒量（m_9）。

8.3 结果的计算与表示

烧失量的质量分数 w_{LOI} 按式（12）计算：

$$w_{LOI}=\frac{m_8-m_9}{m_7}\times 100 \tag{12}$$

式中：

w_{LOI}——烧失量的质量分数，%；

m_7——试料的质量，单位为克（g）；

m_8——灼烧前试料和瓷坩埚的质量，单位为克（g）；

m_9——灼烧后试料和瓷坩埚的质量，单位为克（g）。

9 二氧化硅的测定——氟硅酸钾容量法

9.1 方法提要

在有过量的氟、钾离子存在的强酸性溶液中，使硅酸形成氟硅酸钾（K_2SiF_6）沉淀。经过滤、洗涤及中和残余酸后，加入沸水使氟硅酸钾沉淀水解生成等物质的量的氢氟酸。然后以酚酞为指示剂，用氢氧化钠标准滴定溶液滴定。

9.2 系统溶液的制备

称取化学分析用试样（6.2）约 0.5g（m_{10}），精确至 0.0001g，置于银坩埚中，盖上盖子并留有缝隙，放入高温炉中，在 700℃～750℃的高温下预烧 15min～20 min，取出，放冷，加入 6g～7g 氢氧化钠，从低温升起，在 700℃～750℃的高温下熔融 30min，中间取出摇动 1 次。取出冷却，将坩埚放入已盛有约 100mL 沸水的 300mL 烧杯中，盖上表面皿，在电炉上适当加热，待熔块完全浸出后，取出坩埚，用水冲洗坩埚和盖。在搅拌下一次加入 30mL 盐酸，再加入 2mL～5mL 硝酸，用热盐酸（1＋5）洗净坩埚和盖。将溶液加热至沸 2min～3min，冷却后，转移至 250mL 容量瓶中，用水稀释至标线，摇匀。此溶液供测定二氧化硅（9.3）、三氧化二铁（10.2）、三氧化二铝（11.2 或 12.2）、氧化钙（14.2）、氧化镁（15.2）和二氧化钛（13.2）用。

9.3 分析步骤

从溶液（9.2）中吸取 50.00mL 溶液，放入 300mL 塑料杯中，然后加入 15mL 硝酸，搅拌，冷却至 30℃以下。加入氯化钾（4.35），仔细搅拌至饱和并有少量氯化钾析出，然后再加入 2g 氯化钾（4.35），仔细搅拌并压碎大颗粒氯化钾，使氯化钾完全饱和（此时搅拌，溶液应该比较浑浊，氯化钾颗粒呈悬浮状，如氯化钾析出量不够，应再补充加入，使氯化钾的析出量约 2g，不宜过多），加入 10mL 氟化钾溶液（4.38），搅拌，在环境温度 30℃以下放置 15min～20min，其间搅拌 1～2 次。用中速滤纸过滤，先过滤溶液将固体氯化钾和沉淀留在杯底，溶液滤完后用氯化钾溶液（4.36）洗涤塑料杯及沉淀，洗涤过程中使固体氯化钾溶解，洗涤液总量不超过 30mL。将滤纸连同沉淀取下，置于原塑料杯中，沿杯壁加入 15mL30℃以下的氯化钾-乙醇溶液（4.37）及 1mL 酚酞指示剂溶液（4.57），将滤纸展开，用氢氧化钠标准滴定溶液（4.53）中和未洗尽的酸，仔细搅动、挤压滤纸并随之擦洗杯壁直至溶液呈红色（过滤、洗涤、中和残余酸的操作应迅速，以防止氟硅酸钾沉淀的水解）。向杯中加入 250mL 沸水（煮沸后用氢氧化钠溶液中和至酚酞呈微红色的沸水），用氢氧化钠标准滴定溶液（4.53）滴定至微红色（30s 之内不褪色）。

9.4 结果的计算与表示

二氧化硅的质量分数 w_{SiO_2} 按式（13）计算：

$$w_{SiO_2}=\frac{T_{SiO_2}\times V_8\times 5}{m_{10}\times 1000}\times 100 \qquad (13)$$

式中：

w_{SiO_2}——二氧化硅的质量分数，%；

T_{SiO_2}——氢氧化钠标准滴定溶液对二氧化硅的滴定度，单位为毫克每毫升（mg/mL）；

V_8——滴定时消耗氢氧化钠标准滴定溶液的体积，单位为毫升（mL）；

5——全部试样溶液与所分取溶液的体积比；

m_{10}——9.2 中试料的质量，单位为克（g）。

10　三氧化二铁的测定——EDTA 直接滴定法

10.1　方法提要

在 pH 值为 1.8～2.0、温度为 60℃～70℃的溶液中，以磺基水杨酸钠为指示剂，用 EDTA 标准滴定溶液滴定。

10.2　分析步骤

从溶液（9.2）中吸取 25.00mL 溶液放入 300mL 烧杯中，加水稀释至约 100mL，用氨水（1+1）和盐酸（1+1）调节溶液 pH 值在 1.8～2.0 之间（用精密 pH 试纸或酸度计检验）。将溶液加热至 70℃，加入 10 滴磺基水杨酸钠指示剂溶液（4.58），用 EDTA 标准滴定溶液（4.50）缓慢地滴定至亮黄色（终点时溶液温度应不低于 60℃，如终点前溶液温度降至近 60℃时，须再加热至 65℃～70℃）。保留此溶液供测定三氧化二铝（11.2 或 12.2）用。

10.3　结果的计算与表示

三氧化二铁的质量分数 $w_{Fe_2O_3}$ 按式（14）计算：

$$w_{Fe_2O_3}=\frac{T_{Fe_2O_3}\times V_9\times 100}{m_{10}\times 1000}\times 100 \qquad (14)$$

式中：

$w_{Fe_2O_3}$——三氧化二铁的质量分数，%；

$T_{Fe_2O_3}$——EDTA 标准滴定溶液对三氧化二铁的滴定度，单位为毫克每毫升（mg/mL）；

V_9——滴定时消耗 EDTA 标准滴定溶液的体积，单位为毫升（mL）；

10——全部试样溶液与所分取溶液的体积比；

m_{10}——9.2 中试料的质量，单位为克（g）。

11　三氧化二铝的测定——铅盐回滴—氟化铵置换法（基准法）

11.1　方法提要

在 EDTA 存在下，调整溶液 pH 值至 6.0，煮沸使铝及其他金属离子和 EDTA 配位，以半二甲酚橙为指示剂，用铅盐溶液回滴过量的 EDTA，再加入氟化铵，煮沸置换铝-EDTA 配合物中的 EDTA，用乙酸铅标准滴定溶液滴定置换出来的 EDTA，测定出铝的含量。

11.2　分析步骤

在滴定三氧化二铁后的溶液（10.2）中，加入 10mL 苦杏仁酸溶液（4.44），然后加入对铁、铝过量 10mL～15mLEDTA 标准滴定溶液，用氨水（1+1）调整溶液 pH 值至 4 左右（pH 试纸检验），然后将溶液加热至 70℃～80℃，再加入 10mL pH 值为 6 的缓冲溶液（4.32），并加热煮沸 5min～10min。取下，冷至室温，加 7～8 滴半二甲酚橙指示剂溶液（4.62），用乙酸铅标准滴定溶液（4.52）滴定至由黄色至橙红色（不记读数）。然后立即向溶液中加入 10mL 氟化铵溶液（4.43），并加热煮沸 1min～2min，取下，冷至室温，补加 2～3 滴半二甲酚橙指示剂溶液（4.62），用乙酸铅标准滴定溶液（4.52）滴定至由黄色至橙红色（记读数）。

11.3 结果的计算与表示

三氧化二铝的质量百分数 $w_{Al_2O_3}$ 按式（15）计算：

$$w_{Al_2O_3}=\frac{T_{Al_2O_3}\times K_2\times V_{10}\times 10}{m_{10}\times 1000}\times 100 \tag{15}$$

式中：

$w_{Al_2O_3}$——三氧化二铝的质量百分数，%

$T_{Al_2O_3}$——每毫升 EDTA 标准滴定溶液相当于三氧化二铝的毫克数，mg/mL；

K_2——每毫升乙酸铅标准滴定溶液相当于 EDTA 标准滴定溶液的毫升数；

V_{10}——测定时消耗乙酸铅标准滴定溶液的体积，单位为毫升，mL；

10——全部试样溶液与所分取溶液的体积比；

m_{10}——9.2 中试料的质量，单位为克（g）。

12 硫酸铜返滴定法（代用法）

12.1 方法提要

在滴定铁后的溶液中，加入对铝、钛过量的 EDTA 标准滴定溶液，控制溶液 pH 值在 3.8～4.0，以 PAN 为指示剂，用硫酸铜标准滴定溶液回滴过量的 EDTA。

12.2 分析步骤

往溶液（10.2）中测完铁的溶液中加入 EDTA 标准滴定溶液（4.50）至过量 10mL～15mL（对铝、钛含量而言），加水稀释至 150mL～200mL。将溶液加热至 70℃～80℃后，加入数滴氨水（1+1）调节溶液 pH 值在 3.0～3.5 之间（用精密 pH 试纸检验），加入 15mL pH4.3 的缓冲溶液（4.31），加热煮沸并保持 1min～2min，取下加入 4～5 滴 PAN 指示剂溶液（4.59），用硫酸铜标准滴定溶液（4.51）滴定至亮紫色。

12.3 结果的计算与表示

三氧化二铝的质量分数 $w_{Al_2O_3}$ 按式（16）计算：

$$w_{Al_2O_3}=\frac{T_{Al_2O_3}\times (V_{11}-K_1\times V_{12})\times 10}{m_{10}\times 1000}\times 100-0.64w_{TiO_2} \tag{16}$$

式中：

$w_{Al_2O_3}$——三氧化二铝的质量分数，%；

w_{TiO_2}——按第 13 章测得的二氧化钛的质量分数，%；

$T_{Al_2O_3}$——EDTA 标准滴定溶液对三氧化二铝的滴定度，单位为毫克每毫升（mg/mL）；

V_{11}——加入 EDTA 标准滴定溶液的体积，单位为毫升（mL）；

V_{12}——滴定时消耗硫酸铜标准滴定溶液的体积，单位为毫升（mL）；

K_1——EDTA 标准滴定溶液与硫酸铜标准滴定溶液的体积比；

10——全部试样溶液与所分取溶液的体积比；

m_{10}——9.2 中试料的质量，单位为克（g）；

0.64——二氧化钛对三氧化二铝的换算系数。

13 二氧化钛的测定——二安替比林甲烷分光光度法

13.1 方法提要

在酸性溶液中钛氧基离子（TiO^{2+}）与二安替比林甲烷生成黄色配合物，于波长 420nm

处测定溶液的吸光度。用抗坏血酸消除三价铁离子的干扰。

13.2 分析步骤

从溶液（9.2）中吸取 10.00mL 溶液放入 100mL 容量瓶中，加入 10mL 盐酸（1＋2）、10mL 抗坏血酸溶液（4.45），放置 5min，加入 5mL 乙醇（4.9）、20mL 二安替比林甲烷溶液（4.29）。用水稀释至标线，摇匀。放置 40min 后，用分光光度计，10mm 比色皿，以水作参比，于波长 420nm 处测定溶液的吸光度，在工作曲线（4.46.2）上查出二氧化钛的含量（m_{11}）。

13.3 结果的计算与表示

二氧化钛的质量分数 w_{TiO_2} 按式（17）计算：

$$w_{TiO_2}=\frac{m_{11}\times 25}{m_{10}\times 1000}\times 100 \tag{17}$$

式中：

w_{TiO_2}——二氧化钛的质量分数，%；

25——全部试样溶液与所分取溶液的体积比；

m_{11}——100mL 测定溶液中二氧化钛的含量，单位为毫克（mg）；

m_{10}——9.2 中试料的质量，单位为克（g）。

14 氧化钙的测定——EDTA 滴定法

14.1 方法提要

在 pH 值为 13 以上的强碱性溶液中，以三乙醇胺为掩蔽剂，用钙黄绿素-甲基百里香酚蓝-酚酞混合指示剂，用 EDTA 标准滴定溶液滴定。

对于氢氧化钠熔融制备的试样溶液，须预先在酸性溶液中加入适量的氟化钾，以抑制硅酸的干扰。

14.2 分析步骤

从溶液（9.2）中吸取 25.00mL 溶液放入 400mL 烧杯中，先加入 15mL 氟化钾溶液（4.39），搅拌并放置 2min 以上。加水稀释至约 200mL。加入 5mL 三乙醇胺溶液（1＋2）及适量的 CMP 混合指示剂（4.55），在搅拌下加入氢氧化钾溶液（4.26）至出现绿色荧光后再过量 7mL～8mL，此时溶液酸度在 pH 值 13 以上，用 EDTA 标准滴定溶液（4.50）滴定至绿色荧光完全消失并呈现红色。

14.3 结果的计算与表示

氧化钙的质量分数 w_{CaO} 按式（18）计算：

$$w_{CaO}=\frac{T_{CaO}\times V_{13}\times 10}{m_{10}\times 1000}\times 100 \tag{18}$$

式中：

w_{CaO}——氧化钙的质量分数，%；

T_{CaO}——EDTA 标准滴定溶液对氧化钙的滴定度，单位为毫克每毫升（mg/mL）；

V_{13}——滴定时消耗 EDTA 标准滴定溶液的体积，单位为毫升（mL）；

10——全部试样溶液与所分取溶液的体积比；

m_{10}——9.2 中试料的质量，单位为克（g）。

15 氧化镁的测定——EDTA滴定差减法

15.1 方法提要

在pH值为10的溶液中，以酒石酸钾钠、三乙醇胺为掩蔽剂，用酸性铬蓝K-萘酚绿B混合指示剂，用EDTA标准滴定溶液滴定。

当试样中一氧化锰含量在0.5%以上时，在盐酸羟胺存在下，测定钙、镁、锰总量，差减法测得氧化镁含量。

15.2 分析步骤

15.2.1 一氧化锰含量在0.5%以下时

从溶液（9.2）中吸取25.00mL溶液放入400mL烧杯中，加入15mL氟化钾溶液（4.39），搅拌2min以上，加水稀释至约200mL，依次加入2mL酒石酸钾钠溶液（4.34）和10mL三乙醇胺（1+2）溶液（4.16），搅拌。然后加入25mLpH值为10缓冲溶液（4.33）及适量的酸性铬蓝K-萘酚绿B混合指示剂（4.56），用EDTA标准滴定溶液（4.50）滴定，近终点时应缓慢滴定至纯蓝色不再变色为止。

氧化镁的质量分数w_{MgO}按式（19）计算：

$$w_{MgO}=\frac{T_{MgO}\times(V_{14}-V_{13})\times 10}{m_{10}\times 1000}\times 100 \tag{19}$$

式中：

w_{MgO}——氧化镁的质量分数,%；

T_{MgO}——EDTA标准滴定溶液对氧化镁的滴定度，单位为毫克每毫升（mg/mL）；

V_{14}——滴定钙、镁总量时消耗EDTA标准滴定溶液的体积，单位为毫升（mL）；

V_{13}——按（14.2）测定氧化钙时消耗EDTA标准滴定溶液的体积，单位为毫升（mL）；

10——全部试样溶液与所分取溶液的体积比；

m_{10}——（9.2）中试料的质量，单位为克（g）。

15.2.2 一氧化锰含量在0.5%以上时

除在滴定前加入0.5g～1g盐酸羟胺（4.23）外，其余分析步骤同（15.2.1）。

氧化镁的质量分数w_{MgO}按式（20）计算：

$$w_{MgO}=\frac{T_{MgO}\times(V_{15}-V_{13})\times 10}{m_{10}\times 1000}\times 100-0.57\times w_{MnO} \tag{20}$$

式中：

w_{MgO}——氧化镁的质量分数,%；

T_{MgO}——EDTA标准滴定溶液对氧化镁的滴定度，单位为毫克每毫升（mg/mL）；

V_{15}——滴定钙、镁总量时消耗EDTA标准滴定溶液的体积，单位为毫升（mL）；

V_{13}——按（14.2）测定氧化钙时消耗EDTA标准滴定溶液的体积，单位为毫升（mL）；

m_{10}——（9.2）中试料的质量，单位为克（g）；

w_{MnO}——按（16.2）测定的一氧化锰的质量分数,%；

10——全部试样溶液与所分取溶液的体积比；

0.57——一氧化锰对氧化镁的换算系数。

16 一氧化锰的测定——高碘酸钾氧化比色法

16.1 方法提要

在硫酸介质中，用高碘酸钾将锰氧化成高锰酸，于波长 530nm 处测定溶液的吸光度。用磷酸掩蔽三价铁离子的干扰。

16.2 分析步骤

称取化学分析用试样（6.2）约 0.5g（m_{12}），精确至 0.0001g，置于铂坩埚中，加入 3g 碳酸钠-硼砂混合熔剂（2+1），混匀，在 950℃～1000℃下熔融 10min，用坩埚钳夹持坩埚旋转，使熔融物均匀地附于坩埚内壁，冷却后，将坩埚放入已至微沸的盛有 50mL 硝酸（1+9）及 100mL 硫酸（5+95）的 400mL 烧杯中，并继续保持微沸状态，直至熔融物完全溶解，用水洗净坩埚及盖，用快速滤纸将溶液过滤至 250mL 容量瓶中，并用热水洗涤数次。将溶液冷却至室温后，用水稀释至标线，摇匀。

吸取 50.00mL 上述溶液放入 150mL 烧杯中，依次加入 5mL 磷酸（1+1）、10mL 硫酸（1+1）和约 1g 高碘酸钾（4.22），加热微沸 15min 至溶液达到最大颜色深度，冷却至室温，移入 100mL 容量瓶中，用水稀释至标线，摇匀。用分光光度计，10mm 比色皿，以水作参比，于波长 530nm 处测定溶液的吸光度。在工作曲线（4.48.3）上查出一氧化锰的含量（m_{13}）。

16.3 结果的计算与表示

一氧化锰的质量分数 w_{MnO}按式（21）计算：

$$w_{MnO}=\frac{m_{13}\times 5}{m_{12}\times 1000}\times 100 \tag{21}$$

式中：

w_{MnO}——一氧化锰的质量百分数，%；

m_{13}——100mL 测定溶液中一氧化猛的含量，单位为毫克（mg）；

m_{12}——试料的质量，单位为克（g）。

17 三氧化硫的测定——艾士卡法（基准法）

17.1 方法提要

将试样与艾士卡试剂混合灼烧，试样中硫生成硫酸盐，之后使硫酸根离子生成硫酸钡沉淀，将沉淀过滤、灼烧恒量。根据硫酸钡的质量计算试样中全硫的含量，测定结果以三氧化硫计。

17.2 分析步骤

称取化学分析用试样（6.2）约 1.0g（m_{14}），精确至 0.0001g，置于 50mL 瓷坩埚（m_{15}）中，再将 6 克艾士卡试剂（4.21）置于瓷坩埚中，与试样混合均匀；将坩埚盖斜置于坩埚上放入马弗炉内，从室温逐渐加热到 800℃～850℃，并在该温度下保持 40min～50min；将坩埚从马弗炉内取出，冷却到室温。用玻璃棒将坩埚中的灼烧物仔细搅动捣碎，然后转移到 400mL 的烧杯中。用热水洗涤坩埚内壁，将洗液收集于烧杯中，再加入 100mL～150mL 热水，充分搅拌，并保持微沸，搅拌使其完全分散，在充分搅拌下加入 10mL 盐酸（1+1），用平头玻璃棒压碎块状物，加热至沸并保持微沸1min～2min；用慢速定量滤纸以倾泻法过滤，用热水洗涤3次，然后将残渣移入滤纸中，用热水仔细洗涤至少10次，洗液总体积约为200mL～250mL；向滤液中滴入2～3滴甲基红指示剂溶液（4.60），滴加盐酸（1+1）至溶液呈红色，然后加入10mL盐酸（1+1），将溶液煮沸至澄清，在近煮沸状态下滴加10mL氯化钡溶液，在50℃～60℃下保温4h，或常温下保持12h以上，用慢速定量滤纸过滤，用热水洗至无氯离子为止［用硝酸银溶液（4.28）检验］；将滤纸连同沉淀移入已恒量的20mL瓷坩埚中，先低温灰化滤纸，盖上盖子，然后在温度为800℃～850℃的马弗炉内灼烧30min以上，取出坩埚，在空气中稍加冷却后放入干燥器中，冷却至室温，称量。反复灼烧，直至恒量（m_{16}）。

同时进行空白试验，空白试验中灼烧后沉淀的质量为m_{17}。

17.3 结果的计算与表示

试样中三氧化硫的质量分数w_{SO_3}，按式（22）计算：

$$w_{SO_3}=\frac{(m_{16}-m_{15}-m_{17})\times 0.343}{m_{14}}\times 100 \tag{22}$$

式中：

w_{SO_3}——三氧化硫的质量分数，%；

m_{15}——瓷坩埚的质量，单位为克（g）；

m_{16}——灼烧后瓷坩埚和沉淀的质量，单位为克（g）；

m_{17}——空白试验中灼烧后沉淀的质量，单位为克（g）；

m_{14}——试料的质量，单位为克（g）；

0.343——硫酸钡对三氧化硫的换算系数。

18 三氧化硫的测定——库仑滴定法（代用法）

18.1 方法提要

试样在催化剂的作用下，于空气流中燃烧分解，试样中硫生成二氧化硫并被碘化钾溶液吸收，以电解碘化钾溶液所产生的碘进行滴定。

18.2 分析步骤

使用库仑积分测硫仪（5.13），将管式高温炉升温并控制在1150℃～1200℃。

开动供气泵和抽气泵并将抽气流量调节到约1000mL/min。在抽气下，将约300mL电解液（4.40）加入电解池内，开动磁力搅拌器。

调节电位平衡：在瓷舟中放入少量含一定硫的试样，并盖一薄层五氧化二钒（4.24），将瓷舟置于一稍大的石英舟上，送进炉内，库仑滴定随即开始。如果试验结束后库仑积分器的显示值为零，应再次调节直至显示值不为零为止。

称取化学分析用试样（6.2）约0.05g（m_{18}），精确至0.0001g，铺于瓷舟中，在试料上覆盖一薄层五氧化二钒（4.24），将瓷舟置于石英舟上，输入试样的质量（mg），将石英舟连同盛有试样的瓷舟送进炉内燃烧，库仑滴定随即开始，试验结束后，库仑积分器显示出的结果通过标准样品进行校正后，得到硫（或三氧化硫）的质量分数（w_3）。

18.3 结果的计算与表示

三氧化硫的质量分数w_{SO_3}按式（23）计算：

$$w_{SO_3}=2.5\times w_3 \tag{23}$$

式中：

w_{SO_3}——三氧化硫的质量分数，%；

w_3——测得硫的质量分数，%；

2.5——三氧化硫相对分子质量与硫相对分子质量的比值。

19 氧化钾和氧化钠的测定——火焰光度法

19.1 方法提要

试样经氢氟酸-硫酸蒸发处理除去硅，用热水浸取残渣，以氨水和碳酸铵分离铁、铝、钙、镁。滤液中的钾、钠用火焰光度计进行测定。

19.2 分析步骤

称取化学分析用试样（6.2）约 0.2g（m_{19}），精确至 0.0001g，置于 100mL 铂皿中，放入 700℃～750℃的高温炉内灼烧 15min～20min，取出，放冷。加入少量水润湿，加入 10mL 氢氟酸和 1mL 硫酸（1+1），放入通风橱内电热板上缓慢加热，近干时摇动铂皿，以防溅失，待氢氟酸驱尽后逐渐升高温度，继续将三氧化硫白烟赶尽，取下冷却。加入少量热水，压碎残渣使其溶解，加入 1 滴甲基红指示剂溶液（4.60），用氨水（1+1）中和至黄色，再加入 10mL 碳酸铵溶液（4.30），搅拌，加入热水，使溶液的体积约为 50mL，然后放入通风橱内电热板上加热煮沸并继续微沸至溶液中没有刺激性气味为止。用快速滤纸过滤，以热水充分洗涤，滤液及洗液盛于 250mL 容量瓶中，冷却至室温。用盐酸（1+1）中和至溶液呈微红色，用水稀释至标线，摇匀。在火焰光度计上，按仪器使用规程，在与 4.47.2 相同的仪器条件下进行测定。在工作曲线（4.47.2）上分别查出氧化钾和氧化钠的含量（m_{20}）和（m_{21}）。

19.3 结果的计算与表示

氧化钾和氧化钠的质量分数 w_{K_2O}和 w_{Na_2O}分别按式（24）和（25）计算：

$$w_{K_2O}=\frac{m_{20}}{m_{19}\times 1000}\times 100 \tag{24}$$

$$w_{Na_2O}=\frac{m_{21}}{m_{19}\times 1000}\times 100 \tag{25}$$

式中：

w_{K_2O}——氧化钾的质量分数，%；

w_{Na_2O}——氧化钠的质量分数，%；

m_{20}——250mL 测定溶液中氧化钾的含量，单位为毫克（mg）；

m_{21}——250mL 测定溶液中氧化钠的含量，单位为毫克（mg）；

m_{19}——试料的质量，单位为克（g）。

20 游离氧化钙的测定——乙二醇法

20.1 方法提要

在微沸温度下，使试样中的游离氧化钙与乙二醇作用生成弱碱性的乙二醇钙，使酚酞指示剂呈红色，用苯甲酸-无水乙醇标准滴定溶液滴定。

20.2 分析步骤

称取化学分析用试样（6.2）约 0.5g（m_{22}），精确至 0.0001g，置于 250mL 干燥

的锥形瓶中，加入30mL乙二醇-乙醇溶液（4.42），放入一根搅拌子，装上回流冷凝管，置于游离氧化钙测定仪（5.15）上，打开电源开关，以适当的速度搅拌溶液，同时升温并加热煮沸，当冷凝下的乙醇开始连续滴下时，继续在搅拌下微沸4min后，取下锥形瓶，用干燥的漏斗快速干过滤，用无水乙醇（4.9）洗涤3次，滤液及洗液收集于250mL干燥的抽滤瓶中，立即用苯甲酸-无水乙醇标准滴定溶液（4.54）滴定至微红色消失。

20.3 结果的计算与表示

游离氧化钙的质量分数w_{fCaO}按式（26）计算：

$$w_{fCaO}=\frac{T_{CaO}\times V_{16}}{m_{22}\times 1000}\times 100 \tag{26}$$

式中：

w_{fCaO}——游离氧化钙的质量分数，%；

T_{CaO}——苯甲酸-无水乙醇标准滴定溶液对氧化钙的滴定度，单位为毫克每毫升（mg/mL）；

V_{16}——滴定时消耗苯甲酸-无水乙醇标准滴定溶液的总体积，单位为毫升（mL）；

m_{22}——试料的质量，单位为克（g）。

21 重复性限和再现性限

本标准所列重复性限和再现性限为绝对偏差，以质量分数（%）表示。

在重复性条件下，采用本标准所列方法分析同一试样时，两次分析结果之差应在所列的重复性限（表1）内。如超出重复性限，应在短时间内进行第三次测定，测定结果与前两次或任一次分析结果之差值符合重复性限的规定时，则取其平均值，否则，应查找原因，重新按上述规定进行分析。

在再现性条件下，采用本标准所列方法对同一试样各自进行分析时，所得分析结果的平均值之差应在所列的再现性限（表1）内。

化学分析方法测定结果的重复性极限和再现性极限见表1。

表1 化学分析方法测定结果的重复性限和再现性限

成分	测定方法	含量范围/%	重复性限/%	再现性限/%
含水量	烘干法		0.05	0.10
烧失量	灼烧差减法		0.15	0.25
二氧化硅	氟硅酸钾容量法		0.20	0.40
三氧化二铁	EDTA直接滴定法		0.15	0.20
三氧化二铝（基准法）	氟化铵置换法		0.25	0.40
三氧化二铝（代用法）	硫酸铜返滴定法	≤15%	0.25	0.40
二氧化钛	二安替比林甲烷分光光度法		0.05	0.10
一氧化锰	高碘酸钾氧化分光光度法		0.05	0.10
氧化钙	EDTA滴定法		0.25	0.40

续表

成分	测定方法	含量范围/%	重复性限/%	再现性限/%
氧化镁	EDTA 滴定差减法	≤2%	0.15	0.25
		>2%	0.20	0.30
三氧化硫（基准法）	艾士卡法		0.15	0.20
三氧化硫（代用法）	库仑滴定法		0.15	0.20
氧化钾	火焰光度法		0.10	0.15
氧化钠	火焰光度法		0.10	0.15
游离氧化钙	乙二醇法	≤2%	0.10	0.20
		>2%	0.20	0.30

蒸压粉煤灰多孔砖 GB 26541—2011

1 范围

本标准规定了蒸压粉煤灰多孔砖的术语和定义，规格、等级和标记，一般规定，技术要求，试验方法，检验规则，产品合格证、堆放和运输。

本标准适用于工业与民用建筑的承重结构用蒸压粉煤灰多孔砖（以下简称多孔砖）。

2 规范性引用文件

下列文件对于本文件的应用是必不可少的。凡是注日期的引用文件，仅注日期的版本适用于本文件。凡是不注日期的引用文件，其最新版本（包括所有的修改单）适用于本文件。

GB 175 通用硅酸盐水泥

GB/T 2542 砌墙砖试验方法

GB/T 4111 混凝土小型空心砌块试验方法

GB 6566 建筑材料放射性核素限量

GB/T 18968 墙体材料术语

JC/T 409 硅酸盐建筑制品用粉煤灰

JC/T 621 硅酸盐建筑制品用生石灰

3 术语和定义

GB/T 18968 确立的以及下列术语和定义适用于本标准。

蒸压粉煤灰多孔砖 autoclaved fly ash perforated brick

以粉煤灰、生石灰（或电石渣）为主要原料，可掺加适量石膏等外加剂和其他集料，经坯料制备、压制成型、高压蒸汽养护而制成的多孔砖，产品代号为 AFPB。

4 规格、等级和标记

4.1 规格

多孔砖的外型为直角六面体，其长度、宽度、高度应符合表 1 的规定。

表 1 规格尺寸

单位为毫米

长度（*L*）	宽度（*B*）	高度（*H*）
360、330、290、240、190、140	240、190、115、90	115、90
注：其他规格尺寸由供需双方协商后确定，如施工中采用薄灰缝，相关尺寸可作相应调整		

4.2 等级

按强度分为 MU15、MU20、MU25 三个等级。

4.3 标记

4.3.1 多孔砖按产品代号（AFPB）、规格尺寸、强度等级、标准编号的顺序进行标记。

4.3.2 标记示例

规格尺寸为 240mm×115mm×90mm，强度等级为 MU15 的多孔砖标记示例如下：

AFPB 240mm×115mm×90mm MU15 GB 26541

5 一般规定

5.1 原材料

5.1.1 粉煤灰应符合 JC/T 409 的规定

5.1.2 生石灰应符合 JC/T 621 的规定。

5.1.3 其他材料

应符合相关标准的要求，无标准的材料应用前应做相关检验，符合要求方可使用。

5.2 孔洞

5.2.1 孔洞应与砖砌筑承受压力的方向一致。

5.2.2 铺浆面应为盲孔或半盲孔。

6 技术要求

6.1 外观质量和尺寸偏差

外观质量和尺寸偏差应符合表 2 的规定。

表 2 外观质量和尺寸偏差

单位为毫米

项目名称			技术指标
外观质量	缺棱掉角	个数应不大于（个）	2
		三个方向投影尺寸的最大值应不大于	15
	裂纹	裂纹延伸的投影尺寸累计应不大于	20
	弯曲应不大于		1
	层裂		不允许
尺寸偏差	长度		+2，−1
	宽度		+2，−1
	高度		±2

6.2 孔洞率

孔洞率应不小于 2.5%，不大于 35%。

6.3 强度等级

强度等级应符合表 3 的规定。

表3 强度等级

单位为兆帕

强度等级	抗压强度		抗折强度	
	五块平均值≥	单块最小值≥	五块平均值≥	单块最小值≥
MU15	15.0	12.0	3.8	3.0
MU20	20.0	16.0	5.0	4.0
MU25	25.0	20.0	6.3	5.0

6.4 抗冻性

抗冻性应符合表4的规定

表4 抗冻性

使用地区	抗冻指标	质量损失率/%	抗压强度损失率/%
夏热冬暖地区	D15	≤5	≤25
夏热冬冷地区	D25		
寒冷地区	D35		
严寒地区	D50		

6.5 线性干燥收缩值

线性干燥收缩值应不大于0.50mm/m。

6.6 碳化系数

碳化系数应不小于0.85。

6.7 吸水率

吸水率应不大于20%。

6.8 放射性核素限量

放射性核素限量应符合GB 6566的规定。

7 试验方法

7.1 外观质量和尺寸偏差

外观质量和尺寸偏差试验方法按GB/T 2542进行。

7.2 孔洞率

孔洞率试验方法按GB/T 2542进行。

7.3 强度等级

抗压强度试验方法按附录A进行，抗折强度试验方法按GB/T 2542进行。

7.4 抗冻性

抗冻性试验方法按GB/T 4111进行，其中抗压强度试验方法按附录A进行。

7.5 线性干燥收缩值

线性干燥收缩值试验方法按GB/T 4111进行，其中手持应变仪的标距为150mm。

7.6 碳化系数

碳化系数试验方法按附录 B 进行。

7.7 吸水率

吸水率试验方法按 GB/T 4111 进行。

7.8 放射性核素限量

放射性核素限量试验方法按 GB 6566 进行。

8 检验规则

8.1 检验分类

检验分为出厂检验和型式检验。

8.1.1 出厂检验项目包括：外观质量、尺寸偏差和强度等级。

8.1.2 型式检验项目包括技术要求的所有项目。有下列情况之一时，产品需进行型式检验：

a）新厂生产试制定型鉴定；

b）正式生产后如原材料、工艺等发生较大改变，可能影响产品性能时；

c）正常生产时，每半年应进行一次；

d）停产 3 个月以上，恢复生产时；

e）出厂检验结果与上次型式检验有较大差异时。

8.2 组批规则

以同一批原材料、同一生产工艺生产、同一规格型号、同一强度等级和同一龄期的每 10 万块多孔砖为一批，不足 10 万块按一批计。

8.3 抽样规则

8.3.1 外观质量和尺寸偏差的检验样品用随机抽样法从每一检验批的产品中抽取，其他项目的检验样品用随机抽样法从外观质量和尺寸偏差检验合格的样品中抽取。

8.3.2 抽样数量按表 5 进行。

表 5 样品数量

单位为块

检验项目	样品数量	
	（H/B）≥0.6	（H/B）<0.6
外观质量和尺寸偏差	100（$n_1=n_2=50$）	
孔洞率	3	3
抗折强度	5	5
抗压强度	5	10
吸水率	3	3
线性干燥收缩值	3	3
抗冻性	10	20
碳化系数	12	22
放射性核素限量	3	3

注：蒸压粉煤灰多孔砖在实际使用状态下的承压高度（H）与最小水平尺寸（B）之比，即为高宽比（H/B）。

8.4 判定规则

8.4.1 外观质量和尺寸偏差

外观质量和尺寸偏差采用二次抽样方案。首先抽取第一样本（$n_1=50$），按照表 2 规定的技术要求进行外观质量和尺寸偏差检验，不合格品数为 d_1。

$d_1 \leqslant 5$ 时，判外观质量和尺寸偏差合格；

$d_1 \geqslant 9$ 时，判外观质量和尺寸偏差不合格；

$d_1>5$，且 $d_1<9$ 时，需对第二样本（$n_2=50$）进行检验，不合格品数为 d_2。

$(d_1+d_2) \leqslant 12$ 时，判外观质量和尺寸偏差合格；

$(d_1+d_2) \geqslant 13$ 时，判外观质量和尺寸偏差不合格。

8.4.2 孔洞率

孔洞率符合 6.2 规定时判合格；否则，判不合格。

8.4.3 强度等级

强度等级符合表 3 规定时判合格；否则，判不合格。

8.4.4 抗冻性

抗冻性符合表 4 规定时判合格；否则，判不合格。

8.4.5 线性干燥收缩值

线性干燥收缩值符合 6.5 规定时判合格；否则，判不合格。

8.4.6 碳化系数

碳化系数符合 6.6 规定时判合格；否则，判不合格。

8.4.7 吸水率

吸水率符合 6.7 规定时判合格；否则，判不合格。

8.4.8 放射性核素限量

放射性核素限量符合 6.8 规定时判合格；否则，判不合格。

8.4.9 总判定

各项检验结果均符合第 6 章相应的技术要求时，判该批产品合格；否则，判不合格。

9 产品合格证、堆放和运输

9.1 多孔砖龄期不足 7 天不得出厂。

9.2 多孔砖出厂时，应提供产品合格证，内容包括：

a) 厂名和商标

b) 批量编号和数量；

c) 产品标记和生产日期；

d) 检验人员签章。

9.3 多孔砖应按规格、龄期、强度等级分批分别码放，不得混杂。

9.4 多孔砖装卸时，严禁碰撞、扔摔，应轻码轻放，禁止翻斗倾卸。

9.5 多孔砖堆放、运输及施工时，应有可靠的防雨措施。

附　录　A
(规范性附录)
抗压强度试验方法

A.1　仪器设备

A.1.1　材料试验机

材料试验机的示值误差应不大于1%，其量程选择应能使试件的预期破坏荷载落在满量程的20%～80%。

A.1.2　试件制备平台

试件制备平台应平整水平，其长度方向范围内的平面度应不大于0.1mm，可用金属或其他材料制作，平面尺寸应不小于440mm×240mm。

A.1.3　水平仪

水平仪规格为250mm～400mm。

A.1.4　直角靠尺

直角靠尺应有一端长度不小于120mm，分度值为1mm。

A.1.5　钢直尺

钢直尺规格为400mm，分度值为1mm。

A.2　试件

A.2.1　试件数量

蒸压粉煤灰多孔砖抗压强度试件为5个。

A.2.2　尺寸测量

用钢直尺测量每块样品尺寸，分别在样品两侧的中间位置测量试件宽度（B）和长度（L），取平均值，精确至1mm；样品高度（H）则应测取两个长边（L）中间处的两个数值，取平均值，精确至1mm。

A.2.3　试件制备

计算高宽比（H/B）。

A.2.3.1　（H/B）≥0.6的试件制备

取5块整砖放在（20±5)℃的水中浸泡24h后取出，用湿布擦去表面水分，作为抗压强度试件。

A.2.3.2　（H/B）＜0.6的试件制备

采取叠块方法制作抗压强度试件。

采用符合GB 175规定的42.5级普通硅酸盐水泥和细砂制备粘结砂浆，水泥和细砂质量比为1∶3，水灰比不大于0.5。

将同批次、同规格尺寸、孔洞结构相同的两块蒸压粉煤灰多孔砖样品，用粘结材料将它们按照坐浆面与铺浆面重叠粘结在一起。粘结时，需用水平仪和直角靠尺进行调控，以保证样品的四个侧面中至少有两个相邻侧面是平整的。粘结后的样品应满足：

——粘结层厚度≤3mm；

——两块样品的孔洞基本对齐。

将制备的试件放置在（20±5)℃的试验室内进行养护72h，再放入（20±5)℃的水中浸泡 24h 后取出，用湿布擦去表面水分，作为抗压强度试件。

A.3 试验步骤

A.3.1 将试件放在试验机下压板上，要尽量保证试件的重心与试验机压板中心重合。

注：对于孔型分别对称于长（L）和宽（B）的中心线的试件，其重心和形心重合；对于不对称孔型的试件，可在试件承压面下垫一根直径 10mm、可自由滚动的圆钢条，分别找出长（L）和宽（B）的平衡轴（重心轴），两轴的交点即为重心。

A.3.2 试验机加荷应均匀平稳，不应发生冲击或振动。加荷速度以 4kN/s～6kN/s 为宜，直至试件破坏为止，记录最大破坏荷载 P。

A.4 结果计算与评定

A.4.1 （H/B）$\geqslant$0.6 的样品制备的试件，试件受压面的长度（L）和宽度（B），按 A.2.2 取值。

A.4.2 （H/B）$<$0.6 的样品制备的试件，试件受压面的长度（L）和宽度（B），按 A.2.2 取最大值。

A.4.3 试件的抗压强度按式（A.1）计算，精确至 0.01MPa。

$$R=\frac{P}{LB} \tag{A.1}$$

式中：

R——试件的抗压强度，单位为兆帕（MPa）；

P——破坏荷载，单位为牛顿（N）；

L——受压面的长度，单位为毫米（mm）；

B——受压面的宽度，单位为毫米（mm）。

A.4.4 试验结果以五个试件抗压强度的算术平均值和单块最小值表示，精确至 0.1MPa。

附 录 B
（规范性附录）
碳化系数试验方法

B.1 仪器设备

B.1.1 抗压强度试验设备同 A.1。

B.1.2 碳化试验箱

容积至少放一组以上的试件。

箱内环境条件为：二氧化碳体积浓度为（20±3）%，相对湿度为（70±5）%，温度为（20±5）℃。

B.2 化学试剂

质量浓度为 1%酚酞乙醇溶液，用质量浓度为 70%的乙醇配制。

B.3 试件

高宽比（H/B）$\geqslant$0.6 试样数量为两组共 12 块。一组 5 块为对比试件；一组 7 块为碳化试件，其中 2 块用于测试碳化情况。

高宽比（H/B）$<$0.6 试样数量为两组共 22 块。一组 10 块为对比试件；一组 12 块为

碳化试件，其中 2 块用于测试碳化情况。

B.4 试验步骤

B.4.1 将碳化试验样品放入碳化箱内进行碳化试验，样品间距应不小于 20mm；抗压强度对比样品放置的环境条件为：相对湿度（70±5）%，温度（20±5）℃。

B.4.2 碳化 7d 后，每天将同一个测试碳化情况样品的端部约 50mm 处劈开，用质量浓度为 1%的酚酞乙醇溶液检查碳化深度，当测试样品剖面中心不显红色时，既测试样品已完全碳化，则认为碳化箱中全部样品已全部碳化，碳化试验结束；若测试样品剖面中心显红色、即测试样品尚未完全碳化，应继续进行碳化试验，直至 28d 碳化试验结束。

B.4.3 将已完全碳化或已碳化 28d 仍未完全碳化的全部样品，与抗压强度对比样品同时按附录 A 进行试件制备、养护和抗压强度试验。

B.5 结果计算

蒸压粉煤灰多孔砖的碳化系数按式（B.1）计算，精确至 0.01。

$$K_c=\frac{R_c}{R} \tag{B.1}$$

式中：

K_c——蒸压粉煤灰多孔砖的碳化系数；

R_c——5 个碳化后试件的抗压强度算术平均值，单位为兆帕（MPa）；

R——5 个对比试件的抗压强度算术平均值，单位为兆帕（MPa）。

火力发电厂脱硫石膏及浆液中水溶性氟离子的测定 DL/T 1495—2016

1 范围

本标准规定了火力发电厂脱硫石膏及浆液中水溶性氟离子的测定方法。

本标准适用于火力发电厂脱硫石膏及浆液中水溶性氟离子的测定。本方法的检出限为0.10mg/L。

2 规范性引用文件

下列文件对于本文件的应用是必不可少的。凡是注日期的引用文件，仅注日期的版本适用于本文件。凡是不注日期的引用文件，其最新版本（包括所有的修改单）适用于本文件。

GB/T 5484—2012 石膏化学分析方法

GB/T 6682 分析试验室用水规格和试验方法

3 术语和定义

下列术语和定义适用于本标准。

3.1

石膏水溶性氟离子 water-soluble fluoride of FGD gypsum

脱硫石膏中能溶于水的氟化物，以氟离子计。

3.2

浆液水溶性氟离子 water-soluble fluoride of FGD slurry

石膏浆液液相中以游离态存在的氟化物，以氟离子计。

4 方法原理

预处理的样品，通过添加总离子强度调节缓冲液控制离子活度、掩蔽干扰离子，用氟离子选择性电极测量样品中水溶性氟离子浓度。

5 试剂

本标准所有试剂除另有说明外，均为分析纯级试剂，所用水不应低于 GB/T 6682 中规定的三级水的要求。

5.1 盐酸溶液（1+1）。

5.2 氢氧化钠溶液［c（NaOH）=200g/L］。

5.3 总离子强度调节缓冲液可选用下列任何一种。

a）柠檬酸钠总离子强度调节缓冲液：

将 294.1g 柠檬酸钠（$C_6H_5Na_3O_7 \cdot 2H_2O$）溶于水中，用盐酸（5.1）和氢氧化钠溶液（5.2）调节溶液的 pH 值至 6.0，加水稀释至 1L。

b）钛铁试剂总离子强度调节缓冲液：

分别称取 142g 六次甲基四胺［$(CH_2)_6N_4$］、85g 硝酸钾（KNO_3）和 9.97g 钛铁试剂

（$C_6H_4Na_2O_8S_2 \cdot 2H_2O$），于烧杯中加水溶解，用盐酸溶液（见 5.1）和氢氧化钠溶液（见 5.2）调节溶液 pH 值至 5～6，加水稀释至 1L。

注：按照本标准加入柠檬酸钠总离子强度调节缓冲液［5.3 中 a)］可络合溶液中 20mg/L 的铝并释放出氟离子；加入钛铁试剂总离子强度调节缓冲液［5.3 中 b)］可络合溶液中 15mg/L 的铝并释放出氟离子。

5.4 氟离子标准贮存溶液［c（F^-）＝1000mg/L］。

称取已于 105℃～110℃烘过 2h 的氟化钠（NaF，优级纯）1.1050g，精确至 0.0001g，置于烧杯中，加水溶解后，移入 500mL 容量瓶中，用水稀释至标线，摇匀，贮存于塑料瓶中。

5.5 氟离子标准溶液［c（F^-）＝100mg/L］。

吸取 20.00mL 氟离子标准贮存溶液（见 5.4）于 200mL 容量瓶中，用水定容，摇匀，贮存于塑料瓶中。

6 仪器与设备

6.1 氟离子选择性电极和饱和氯化钾甘汞电极或复合型氟离子电极。

6.2 离子计（或酸度计）：精确至 0.1mV。

6.3 磁力搅拌器：具备包覆聚乙烯或者聚四氟乙烯等的搅拌棒。

6.4 聚乙烯杯：50mL。

6.5 电子天平：精确至 0.0001g。

7 脱硫石膏中水溶性氟离子的测定

脱硫石膏中水溶性氟离子的测定应按 GB/T 5484—2012 中第 30 章的规定进行。

8 脱硫石膏浆液中水溶性氟离子的测定

8.1 脱硫石膏浆液的采集及预处理

脱硫石膏浆液应用聚乙烯瓶采集和贮存；样品采集后应尽快过滤，并收集过滤清液。不能及时测定时，贮存期不应超过 7 天。

测试前应将滤液充分摇匀。滤液可用盐酸溶液（5.1）和氢氧化钠溶液（5.2）调节 pH 值至 5～6。滤液有颜色、浑浊不影响测定结果。

8.2 仪器设备的准备

应按照测定仪器及电极的使用说明书进行试验准备。

8.3 氟离子标准工作溶液的配制

吸取氟离子标准溶液（5.5）1.00、2.00、5.00、10.00、20.00mL 分别放入 100mL 容量瓶中，用水稀释至标线，摇匀，贮存于塑料瓶中，此系列氟离子标准工作溶液浓度分别为 1.00、2.00、5.00、10.0、20.0mg/L。

8.4 工作曲线的绘制

8.4.1 吸取氟离子浓度为 1.00、2.00、5.00、10.0、20.0mg/L 氟离子标准工作溶液各 20.00mL，分别放入干燥的聚乙烯杯（见 6.4）中。

8.4.2 分别加入 20.00mL 总离子强度调节缓冲液（见 5.3）。

8.4.3 搅拌均匀后，在溶液中插入电极（见 6.1），设定缓慢稳定的搅拌速率，搅拌 3min～

5min，用离子计测量溶液的平衡电位 E（mV）。在每一次测量之前，应用水冲洗电极，并用滤纸吸干。

8.4.4 绘制氟离子浓度对数 lg$c$（F^-）（mg/L）与电位 E（mV）的工作曲线。

8.5 样品的测定

吸取 20.00mL 待测样品放入干燥的聚乙烯杯中，按本标准 8.4.2、8.4.3 步骤测定。

8.6 结果的计算与表示

根据测定所得的电位值，从工作曲线上查得相应的以 mg/L 表示的脱硫石膏浆液中水溶性氟离子含量。

8.7 精密度

脱硫石膏浆液中水溶性氟离子测定结果的精密度见表 1。

表 1 脱硫石膏浆液中水溶性氟离子测定结果的精密度

脱硫石膏浆液中水溶性氟离子浓度 mg/L	重复性标准差 $S_r$mg/L	再现性标准差 $S_R$mg/L
≤5.00	0.02	0.35
>5.00～20.0	0.08	0.50
>20.0	0.15	2.35

二、行业标准

蒸压粉煤灰砖建筑技术规范 CECS 256：2009

1 总则

1.0.1 为促进我国墙体材料革新，满足节能、节地、环保、利废的需要，使蒸压粉煤灰砖建筑做到技术先进、安全适用、经济合理和确保工程质量，制订本规范。

1.0.2 本规范适用于非抗震设防区和抗震设防烈度为 8 度及 8 度以下的地区，以蒸压粉煤灰实心砖和多孔砖为墙体材料的一般工业与民用建筑的设计、施工及验收。

1.0.3 蒸压粉煤灰实心砖和多孔砖砌体结构的设计与施工，除应符合本规范外，尚应符合国家现行有关标准的规定。

2 术语和符号

2.1 术语

2.1.1 蒸压粉煤灰砖 autoclaved fly ash brick

以石灰、消石灰（如电石渣）或水泥等钙质材料与粉煤灰等硅质材料及集料（砂等）为主要原料，掺加适量石膏，经搅拌混合、多次排气压制成型、高压蒸汽养护而制成的砖。

2.1.2 蒸压粉煤灰实心砖 autoclaved fly ash common brick

无孔洞的蒸压粉煤灰砖。主规格尺寸为 240mm×115mm×53mm。

2.1.3 蒸压粉煤灰多孔砖 autoclaved fly ash perforated brick

孔洞率不小于 25%，主规格尺寸为 240mm×115mm×90mm、240mm×190mm×90mm、190mm×190mm×90mm 等，多排半盲孔的砖。

2.1.4 专用砌筑砂浆 special masonry mortar

由水泥、砂、水以及根据需要掺入的掺和料和外加剂等组分，按一定比例，机械拌和制成。专门用于提高蒸压粉煤灰砖砌体抗剪强度的砌筑砂浆。

2.1.5 反砌 reverse bond

砌筑墙体时，蒸压粉煤灰多孔砖的半盲孔面朝上。

2.1.6 混凝土构造柱 structural concrete column

按构造要求设置在蒸压粉煤灰砖房屋墙体中的钢筋混凝土柱，并按先砌墙后浇灌混凝土的顺序施工，简称构造柱。

2.1.7 圈梁 ring beam

在房屋的檐口、窗顶、楼层、吊车梁顶或基础顶面标高处，沿砌体墙水平方向设置封闭状的按构造配筋的混凝土梁式构件。

2.1.8 控制缝 control joint

设置在墙体应力集中、刚度突变、沿墙体垂直灰缝等部位，其构造和嵌缝材料应能满足墙体自由变形和对外力有足够抵抗能力与防护要求的构造缝。

2.1.9 夹心墙 cavity wall filled with insulation

墙体中预留的连续空腔内填充保温或隔热材料，并在墙的内叶和外叶之间用防锈的金属拉结件拉结而形成的墙体。

2.1.10 施工质量控制等级 category of construction quality control

根据施工现场的质保体系、砂浆和混凝土的强度、砌筑工人技术等级综合水平划分的砌体施工质量控制级别按现行国家标准《砌体工程施工质量验收规范》GB 50203 确定的等级。

2.1.11 折压比 ratio of bending-compressive strength

块材抗折强度试验平均值与抗压强度试验平均值的比值。

2.1.12 软化系数 softening coefficient

以材料饱水状态下的抗压强度与自然状态下的抗压强度的百分比表示。

2.1.13 传热系数 heat transfer coefficient

在稳定传热条件下，围护结构两侧空气温度差为1℃，1h 内通过 $1m^2$ 面积传递的热量。传热系数 K 是热阻 R_0 的倒数。

2.1.14 平均传热系数 average heat transfer coefficient

考虑梁、柱（芯柱）等影响后的外墙传热系数平均值。

2.1.15 蓄热系数 heat mass coefficient of material

材料层一侧受到谐波热作用时，通过表面的热流波幅与表面温度波幅的比值。

2.1.16 热惰性指标 index of thermal inertia

表征围护结构反抗温度波动和热流波动的无量纲指标。单一材料的热惰性指标等于材料层热阻与蓄热系数的乘积。多层材料的围护结构的热惰性指标等于各种材料层热惰性指标之和。

2.1.17 遮阳系数 shading coefficient

垂直入射透过窗玻璃的太阳得热与透过 3mm 厚透明玻璃得热之比。此处遮阳系数反映了该种玻璃对太阳的遮挡作用，不包括内部、外部或中间的遮挡措施。

2.1.18 露点温度 dew point temperature

在一定的空气压力下，逐渐降低空气的温度，当空气中所含水蒸气达到饱和状态，开始凝结形成水滴时的温度叫做该空气在空气压力下的露点温度。

2.2 符号

2.2.1 材料：

MU——砖的强度等级；

M——砂浆的强度等级；

C——混凝土的强度等级；

f_v——砌体的抗剪强度设计值；

f_{VE}——砌体沿阶梯形截面破坏的抗震抗剪强度设计值。

2.2.2 作用和作用效应：

V——墙体剪力设计值；

F_{EK}——结构总水平地震作用标准值；

G_{eq}——地震时结构（构件）的等效重力荷载代表值。

2.2.3 几何参数

A——构件截面面积；

H——总高度。

2.2.4 计算系数

γ_{RE}——承载力抗震调整系数；

α_1——水平地震影响系数。

3 材料和砌体的计算指标

3.1 一般规定

3.1.1 用于承重结构的蒸压粉煤灰砖，除应满足现行行业标准《粉煤灰砖》JC 239 外，尚应满足本规范的规定。

3.1.2 蒸压粉煤灰砖不宜用于墙体长期受热、温度高于 200℃、受急冷急热或有酸性介质侵蚀的部位。

3.2 材料

3.2.1 蒸压粉煤灰砖的强度等级应为：MU25、MU20、MU15。

注：用于承重墙体的多孔砖中的孔洞应垂直于大面，孔洞率不应大于 35%。

3.2.2 承重砖的折压比不应低于 0.25。

3.2.3 蒸压粉煤灰砖的质量吸水率不应大于 20%。

3.2.4 蒸压粉煤灰砖出厂时的干燥收缩值不应大于 0.5mm/m。

3.2.5 蒸压粉煤灰砖的抗冻性应符合表 3.2.5 的要求。

表 3.2.5 蒸压粉煤灰砖抗冻性能要求

使用条件	抗冻标号	单块砖质量损失（%）	强度损失（%）
非采暖地区	F25	≤2	≤20
采暖地区	F50		

注：1 非采暖地区指最冷月平均气温高于−5℃的地区；采暖地区指最冷月平均气温不高于−5℃的地区；
2 F 指冻融循环次数；

3.2.6 蒸压粉煤灰砖的碳化系数不应小于 0.85。

3.2.7 蒸压粉煤灰砖的软化系数不应小于 0.85。

3.2.8 砌筑砂浆的强度等级应为：M15、M10、M7.5、M5。

注：1 确定砂浆强度等级时，应采用含水率小于 2%的蒸压粉煤灰砖为砂浆试块成型底模；
2 用于提高蒸压粉煤灰砖砌体强度的专用砌筑砂浆，应进行研究性试验并须通过鉴定。

3.2.9 蒸压粉煤灰砖墙体的砌筑和抹灰宜采用专用砂浆。

3.2.10 有抗冻性能要求的砌体，砌筑砂浆的抗冻标号应符合本节表 3.2.5 的规定。

3.3 蒸压粉煤灰砖砌体的计算指标

3.3.1 龄期为 28d 以毛截面面积计算的蒸压粉煤灰砖砌体和蒸压粉煤灰多孔砖砌体抗压强度设计值，当施工质量控制等级为 B 级时，应根据蒸压粉煤灰砖和砂浆的强度等级按表 3.3.1 采用。

表 3.3.1 蒸压粉煤灰砖砌体和蒸压粉煤灰多孔砖砌体的抗压强度设计值（MPa）

砖强度等级	砂浆强度等级				砂浆强度
	M15	M10	M7.5	M5	0
MU25	3.60	2.98	2.68	2.37	1.05
MU20	3.22	2.67	2.39	2.12	0.94
MU15	2.79	2.31	2.07	1.83	0.82

3.3.2 龄期为 28d 以毛截面面积计算的蒸压粉煤灰砖砌体轴心抗拉强度设计值、弯曲抗拉强度设计值和抗剪强度设计值，当施工质量控制等级为 B 级时，应根据砂浆的强度等级按表 3.3.2 采用。

表 3.3.2 沿砌体灰缝截面破坏时蒸压粉煤灰砖砌体的轴心抗拉强度设计值、弯曲抗拉强度设计值和抗剪强度设计值（MPa）

强度类别	破坏特征	砂浆强度等级		
		≥M10	M7.5	M5
轴心抗拉 f_t	沿齿缝	0.15	0.12	0.10
弯曲抗拉 f_{tm}	沿齿缝	0.26	0.23	0.18
	沿通缝	0.15	0.12	0.10
抗剪 f_v	沿通缝	0.15	0.12	0.10

注：当砖搭接长度与砖高度的比值小于 1 时，其 f_t 和 f_{tm} 应按表中数值乘以搭接长度与砖高度的比值后采用。

3.3.3 蒸压粉煤灰砖砌体不得采用 C 级施工质量控制。

3.3.4 下列情况的蒸压粉煤灰砖砌体，其砌体抗压强度设计值，应乘以调整系数 γ_a：

1 跨度不小于 7.5m 的梁下蒸压粉煤灰砖砌体，γ_a 为 0.9；

2 无筋蒸压粉煤灰砖砌体构件，实心砖砌体截面面积小于 0.3m^2 时，γ_a 为其截面面积加 0.7，多孔砖砌体截面面积小于 0.5m^2 时，γ_a 为其截面面积加 0.5；配筋蒸压粉煤灰砖砌体构件，实心砖砌体截面面积小于 0.2m^2 时，γ_a 为其截面面积加 0.8，多孔砖砌体截面面积小于 0.3m^2 时，γ_a 为其截面面积加 0.7。构件截面面积以平方米计；

3 当砌体用水泥砂浆砌筑时，对本节表 3.3.1 中的数值，γ_a 为 0.9；对本节表 3.3.2 中的数值，γ_a 为 0.8；对配筋砌体构件，当其中的砌体用水泥砂浆砌筑时，仅对砌体的强度设计值乘以调整系数 γ_a；

4 当为多孔砖时，砌体毛截面的抗压强度设计值应按本节表 3.3.1 中值乘以 0.9 倍采用；

5 验算施工中房屋的构件时，γ_a 为 1.10。

3.3.5 本节表 3.3.1 和表 3.3.2 中数值为混合砂浆砌筑，如采用专用砂浆，可根据可靠的试验确定。

3.3.6 施工阶段砂浆尚未硬化的新砌蒸压粉煤灰砖砌体，应按砂浆强度等级为零的砌体抗压强度设计值进行验算。

冬期施工采用掺盐砂浆法施工的砌体，砂浆强度等级应按常温施工的强度等级提高一级，其砌体的稳定性可不验算。

配筋砌体不得采用掺氯盐砂浆。

3.3.7 蒸压粉煤灰砖砌体的弹性模量可取 $1060f$，线膨胀系数可取 8×10^{-6}/℃，收缩率可取－0.2mm/m。

3.3.8 蒸压粉煤灰砖砌体的重力密度可按下式计算：

$$\gamma=(1-0.76\rho)\times16$$

式中：γ——蒸压粉煤灰砖砌体的重力密度（kN/m^3）；

ρ——蒸压粉煤灰多孔砖的孔洞率，当 $\rho=0$ 时为实心砖。

当有可靠的试验数据时，重力密度可按试验统计值确定。

3.3.9 蒸压粉煤灰砖墙体的耐火极限应按表 3.3.9 采用。

表 3.3.9 蒸压粉煤灰砖墙体的燃烧性能和耐火极限

墙体厚度（mm）	耐火极限（h）		燃烧性能
	实心砖砌体	多孔砖砌体	
120	1.5	1.3	非燃烧体
240	3.0	2.5	非燃烧体

注：墙体两面无粉刷。

3.3.10 双面抹灰（每面各 20mm 厚）的蒸压粉煤灰砖墙体的空气声计权隔声量按下列取值：

1 240mm 厚实心砖墙体为 52dB，120mm 厚实心砖墙体为 42dB；

2 240mm 厚多孔砖墙体为 50dB，120mm 厚多孔砖墙体为 38dB。

3.3.11 两面未抹灰的 240mm 实心砖墙体的传热系数 K 为 2.10W/（$m^2\cdot K$），多孔砖墙体的传热系数 K 为 1.40W/（$m^2\cdot K$）。

3.3.12 蒸压粉煤灰砖墙体的热工性能用热阻 R_0（不含内表面换热阻和外表面换热阻）和热惰性指标 D_b 按照表 3.3.12 采用。

表 3.3.12 蒸压粉煤灰砖墙体的热阻和热惰性指标计算值

墙体厚度 h（mm）	热阻 R_0（$m^2\cdot K$）/W		热惰性指标 D_b	
	实心砖	多孔砖	实心砖	多孔砖
120	0.16	0.29	1.80	1.74
240	0.32	0.58	3.60	3.48

注：1 R_0 为墙体两面各抹灰 20mm，不含内表面换热阻和外表面换热阻；

2 当有可靠的试验数据时，热阻、热惰性指标可根据试验值确定。

4 建筑设计及建筑节能设计

4.1 建筑设计

4.1.1 房屋的建筑设计除应符合本规范规定外，尚应符合国家有关建筑设计规范、规程的规定。

4.1.2 房屋的建筑平面及竖向设计应符合下列要求：

1 建筑平面宜简洁、规则，体形凹凸转折不宜过多，立面不宜突变过大；

2 砖高为90mm时，墙体的高度及墙的分段净宽度应以1M_0为基本模数；

3 墙体按相关标准设置变形缝时，应做好墙面的盖缝处理；

4 预留孔洞、管线槽口以及门窗、设备等固定点及固定件，均应在施工图上详细标注；

5 门厅和楼梯间内，应安排好竖向水、暖、电管线用的管道以及各种表盒位置，表盒安装后的楼梯及通道的尺寸应符合有关规范要求；

6 下水道主管、支管、立管及横管均应明管安装。

4.1.3 蒸压粉煤灰砖建筑防水设计应符合下列要求：

1 墙体宜作双面抹灰，勒角抹灰应采用水泥砂浆；

2 伸出墙外的雨蓬、开敞式阳台、室外空调机搁板、遮阳板、窗套、外楼梯根部及水平装饰线脚等处，均应采用有效的防水措施；

3 防潮层宜设置在室外散水坡与室内地坪间的砌体内；

4 卫生间等有防水要求的房间，内墙抹灰应采用水泥砂浆，并应有防水、防潮措施；

5 标高±0.000以下墙体应做好防水处理。

4.2 建筑节能设计

4.2.1 房屋建筑节能设计除应符合本规范规定外，尚应符合国家相关标准的规定。

4.2.2 建筑体形系数不宜大于0.3，当大于0.3则应对外墙加强保温，其平均传热系数应符合国家相关建筑节能设计标准规定。

4.2.3 蒸压粉煤灰砖建筑外墙可采用内保温、外保温或夹心复合保温墙体，保温材料性能应符合国家相关标准的规定，其保温层厚度及构造应按国家相关节能设计标准计算确定。

4.2.4 建筑节能设计应符合下列要求：

1 建筑的体型系数、窗墙面积比、各部位的传热系数及热惰性指标、遮阳系数和蒸气渗透性能均应符合国家相关节能设计标准的规定；

2 围护结构各部分的构造措施除应满足建筑节能设计要求外，尚应满足建筑结构的安全性、整体性及变形性能的要求，且便于施工；

3 墙体和楼地板设计除应满足建筑节能设计外，尚应满足建筑装饰、管线埋设及安装和维修的要求；

4 当采用复合保温墙体时，外部墙体应设有隔气层；

5 当采用夹心复合墙时，保温层应可靠固定在内叶墙上，且与外叶墙间应设置空气间层，其厚度宜为20mm，在楼层处外叶墙竖向灰缝设置排湿构造措施。

4.2.5 建筑节能热工计算中，外墙的传热系数应取考虑局部热桥影响的平均传热系数。热桥部位内表面温度应高于现行国家标准《公共建筑节能设计标准》GB 50189和现行行业标准《民用建筑节能设计标准（采暖居住建筑部分)》JGJ 26、《夏热冬暖地区居住建筑节能设计标准》JGJ 75规定的露点温度。

5 结构设计

5.1 设计原则

5.1.1 本规范采用以概率理论为基础的极限状态设计方法，以可靠指标度量结构构件的可靠度，采用分项系数的设计表达式进行计算。

5.1.2 蒸压粉煤灰砖砌体结构应按承载能力极限状态设计，并应有相应的构造措施，以满足正常使用极限状态的要求。

5.1.3 蒸压粉煤灰砖砌体结构和结构构件的设计使用年限应按现行国家标准《建筑结构可靠度设计统一标准》GB 50068 确定。

5.1.4 根据建筑结构破坏可能产生的后果（危及人的生命、造成经济损失、产生社会影响等）的严重性，建筑结构按表 5.1.4 划分为三个安全等级选用。

表 5.1.4 建筑结构的安全等级

安全等级	破坏后果	建筑物类型
一级	很严重	重要的房屋
二级	严重	一般的房屋
三级	不严重	次要的房屋

注：1 对于特殊的建筑物，其安全等级可根据具体情况另行确定；

2 对地震区的砌体结构设计，应按现行国家标准《建筑抗震设防分类标准》GB 50223 根据建筑物重要性区分建筑物类别。

5.1.5 蒸压粉煤灰砖砌体结构承载能力极限状态设计、整体稳定性验算、房屋静力计算及构造措施除按本规范的有关规定执行外，尚应按现行国家标准《砌体结构设计规范》GB 50003 的有关规定执行；蒸压粉煤灰砖砌体结构的抗震设计及构造措施，除按本规范的有关规定执行外，尚应符合现行国家标准《建筑抗震设计规范》GB 50011 的有关规定。

5.2 一般规定

5.2.1 蒸压粉煤灰砖的强度等级应符合下列规定：

1 防潮层以下的砌体应采用强度等级不小于 MU20 的实心砖，强度等级不小于 M10 的水泥砂浆砌筑；

2 对安全等级为一级或设计使用年限大于 50 年的房屋的墙、柱所用材料最低强度等级应至少提高一级。

5.2.2 防潮层以下及潮湿部位的墙体不得用软化系数小于 0.85 的蒸压粉煤灰砖。

5.3 静力设计

5.3.1 蒸压粉煤灰砖砌体房屋结构的静力计算，可按现行国家标准《砌体结构设计规范》GB 50003—2001 第 4 章的有关规定执行。

5.4 抗震设计

5.4.1 蒸压粉煤灰砖砌体结构房屋抗震设计应符合下列规定：

1 蒸压粉煤灰砖砌体结构房屋的层数和总高度不应超过表 5.4.1-1 的规定；

表 5.4.1-1 蒸压粉煤灰砖砌体房屋的层数和总高度限值（m）

房屋类别	设防烈度			
	6、7 度		8 度	
	高度	层数	高度	层数
实心砖	18	6	15	5
多孔砖	18	6	15	5
底部框架	20	6	17	5

注：抗震横墙厚度不小于 240mm。

2　抗震横墙间距不应超过表 5.4.1-2 的规定。

表 5.4.1-2　抗震横墙的最大间距（m）

屋（楼）盖类别	设防烈度		
	6 度	7 度	8 度
现浇或装配整体式钢筋混凝土	15	15	12
装配式钢筋混凝土	12	12	9
木	8	5	—

5.4.2　蒸压粉煤灰砖砌体沿阶梯形破坏的抗震抗剪强度设计值，应按下式计算确定：

$$f_{VE}=\xi_N f_V \tag{5.4.2}$$

式中　f_{VE}——砖砌体沿阶梯形截面破坏的抗震抗剪强度设计值；

f_V——非抗震设计的砌体抗剪强度设计值；

ξ_N——砌体抗震抗剪强度的正应力影响系数，应按表 4.2 采用。

表 5.4.2　砌体强度的正应力影响系数

蒸压粉煤灰砖	σ_0/f_V						
	0.0	1.0	3.0	5.0	7.0	10.0	15.0
ξ_N	0.80	1.00	1.28	1.50	1.70	1.95	2.32

注：σ_0 为对应重力荷载代表值的砌体截面平均压应力。

5.4.3　蒸压粉煤灰砖墙体的截面抗震受剪承载力，应按下列规定验算：

1　一般情况下，应按下式验算：

$$V\leqslant f_{VE}A/\gamma_{RE} \tag{5.4.3-1}$$

式中　V——考虑地震作用组合的墙体剪力设计值（N）；

A——砖墙体横截面毛面积（mm^2）；

γ_{RE}——承载力抗震调整系数。承重墙两侧均设构造柱的墙体，应取 0.9，其他墙体应取 1.0，自承重墙取 0.75。

2　当按式（5.4.3-1）验算不满足要求时，可计入设置于墙段中部，截面不小于 240mm×240mm 且间距不大于 4m 的构造柱对受剪承载力的提高作用，按下列简化方法计算：

$$V\leqslant\frac{1}{\gamma_{RE}}\left[\eta_c f_{VE}(A-A_c)+\xi f_t A_c+0.08 f_y A_s\right] \tag{5.4.3-2}$$

式中　A_c——中部构造柱横截面总面积（mm^2）当横墙和内纵墙 $A_c>0.15A$ 时，取 $0.15A$；当外纵墙，$A_c>0.25A$ 时，取 $0.25A$；

f_t——中部构造柱的混凝土轴心抗拉强度设计值（MPa），应按现行国家标准《混凝土结构设计规范》GB 50010 采用；

A_s——中部构造柱的纵向钢筋横截面总面积（mm^2）（配筋率不小于 0.6%，大于 1.4%时，按 1.4%计算）；

f_y——钢筋抗拉强度设计值（MPa）；

ξ——中部构造柱参与工作系数；居中设一根时取 0.5，多于一根时取 0.4；

η_c——墙体约束修正系数；一般情况下取 1.0，当构造柱间距不大于 2.8m 时取 1.1。

5.4.4 底部框架—抗震墙房屋的结构布置应符合现行国家标准《建筑抗震设计规范》GB 50011—2001 中第 7.1.8 条的规定。

5.4.5 蒸压粉煤灰砖砌体房屋可不进行天然地基和基础的抗震承载力验算。

5.4.6 构造柱和圈梁的设置应符合现行国家标准《砌体结构设计规范》GB 50003—2001 第 10.1.8 条的规定。

5.5 构造要求与措施

5.5.1 软土或有软弱下卧层地基上的蒸压粉煤灰砖砌体房屋，应符合下列规定：

1 三层和三层以上的房屋，长高比 $2.5<L/H_f\leqslant3.0$ 时，宜做到纵墙不转折或少转折，并应控制其内横墙间距或增强基础刚度。当房屋的预估最大沉降量不大于 120mm 时，其长高比可不受限制；

2 选择整体性能好的基础，在基础顶面沿纵、横向内外墙布置具有足够刚度的贯通钢筋混凝土地梁；

3 建筑地基倾斜值应不大于 0.003。

注：1 L 为建筑物长度或沉降缝分隔的单元长度（m）；H_f 为基础顶面标高算起至檐口高度（m）；

2 倾斜指基础沉降方向两端点的沉降差与其距离之比值。

5.5.2 蒸压粉煤灰砖砌体房屋伸缩缝的最大间距应按表 5.5.2 采用。

表 5.5.2 蒸压粉煤灰砖砌体房屋伸缩缝的最大间距（m）

屋盖或楼盖类别		间距
整体式或装配整体式钢筋混凝土结构	外保温墙体且有保温层或隔热层的屋盖、楼盖	50
	非外保温墙体或无保温层或隔热层的屋盖	40
装配式无檩体系钢筋混凝土结构	外保温墙体且有保温层或隔热层的屋盖、楼盖	60
	非外保温墙体或无保温层或隔热层的屋盖	40
装配式有檩体系钢筋混凝土结构	外保温墙体且有保温层或隔热层的屋盖	75
	非外保温墙体或无保温层或隔热层的屋盖	50
瓦材屋盖、木屋盖或楼盖、轻钢屋盖		80

注：1 外保温墙体包括外墙外保温墙体或夹心保温复合墙体；

2 在钢筋混凝土屋面上挂瓦的屋盖应按钢筋混凝土屋盖采用；

3 墙体的伸缩缝宜与结构的其他变形缝重合；

4 当有实践经验或外墙及屋面采取有效保温措施时，伸缩缝的最大间距可适当放宽。

5.5.3 为了防止或减轻房屋顶层墙体的裂缝，根据具体情况可采取下列措施：

1 顶层及女儿墙的砌筑砂浆强度等级应不小于 M7.5；

2 顶层端部开间墙体内宜增设构造柱，其间距不宜大于 4m；女儿墙构造柱应与现浇钢筋混凝土压顶梁整浇在一起；

3 顶层屋面板下应设置现浇钢筋混凝土圈梁并沿外墙拉通，圈梁高度不宜小于 180mm，纵向钢筋不宜少于 4 根直径 14mm 的钢筋；顶层端部两开间墙体的水平灰缝内设置 2 根直径 6mm 间距为 500mm 的水平钢筋；

4 顶层墙体有门窗等洞口时，在过梁上的水平灰缝内设置 2～3 道焊接钢筋网片（纵向钢筋不宜少于 2 根直径 4mm 的钢筋，横筋间距不宜大于 200mm）或 2 根直径 6mm 的钢筋，并应伸入过梁两端墙内不小于 600mm，多孔砖砌体不应小于 800mm。

5.5.4 为防止或减轻房屋墙体裂缝，可根据情况采取下列措施：

1 增大基础圈梁的刚度；

2 在一层外墙窗台板下设置通长的钢筋混凝土现浇带，其截面高度不应小于 100mm，纵筋不应少于 3 根直径 10mm 的钢筋，横筋直径 6mm 间距 250mm，混凝土强度等级不宜小于 C20；

3 在各层门、窗过梁上方的水平灰缝内及窗台板下第一和第二道水平灰缝内宜设置焊接钢筋网片或 2 根直径 6mm 的钢筋，焊接钢筋网片或钢筋应伸入两边窗间墙内，实心砖墙体每边不小于 600mm，多孔砖墙体每边不小于 900mm；

4 当底层实体墙长大于 5m 时，宜在每层墙高度中部的水平灰缝内设置 2～3 道焊接钢筋网片或 3 根直径 6mm 的通长水平钢筋，竖向间距宜为 500mm。

5.5.5 蒸压粉煤灰砖用于填充墙时，砌体与梁、柱或混凝土墙体结合的界面处（包括内、外墙），应在粉刷前设置细钢丝网片、耐碱涂覆玻纤网格布（网片宽 400mm，沿界面缝两侧各延伸 200mm），或采取其他有效的防裂措施。

5.5.6 高度大于 4m 的填充墙（隔墙），应在其 1/2 高度处设置钢筋混凝土现浇带，其截面高度不应小于 100mm，纵向配筋不应少于 3 根直径 10mm 的钢筋，横向配筋不应少于直径 6mm 间距为 250mm 的钢筋，混凝土强度等级不宜小于 C20。

5.5.7 墙体转角处和纵横墙交接处宜沿竖向每隔 400～500mm 设拉结钢筋，其数量为每 120mm 墙厚不少于 1 根直径 6mm 的钢筋或焊接钢筋网片，埋入长度从墙的转角或交接处算起，实心砖墙体每边不小于 600mm，多孔砖墙体每边不小于 900mm。

5.5.8 墙体预留宽度不小于 500mm 的电表箱、消防栓洞口时，应沿洞口周边设置封闭的钢筋混凝土边框。

5.5.9 蒸压粉煤灰砖夹心复合墙应符合下列规定：

1 外叶墙多孔砖强度等级不应小于 MU15；

2 外叶墙应分层托挑，并将每层外叶墙顶部缝隙用柔性材料填实；

3 内、外叶墙间拉结件（筋）应符合现行国家标准《砌体结构设计规范》GB 50003—2001 第 6.2.16 条的规定。

5.5.10 蒸压粉煤灰砖砌体中的过梁应采用钢筋混凝土过梁。

6 施工技术与质量验收

6.1 一般规定

6.1.1 蒸压粉煤灰砖砌体的施工和验收除应符合本规范外，尚应符合现行国家标准《砌体工程施工质量验收规范》GB50203 的有关规定。

6.1.2 进入现场的砖除应提供产品合格证外，尚应进行复检，待合格后方可使用。

6.1.3 蒸压粉煤灰砖自出釜之日起，宜放置 7d 后方可出厂。储藏、运输及施工过程中，应有可靠的防雨措施。

6.1.4 工程开工前，应根据施工图和现场条件，制定墙体的施工方案。

6.2 施工准备

6.2.1 蒸压粉煤灰砖应按规格、等级分别码垛堆放，堆垛高度不宜超过2m，堆垛上应设标识。砖表面应保持洁净，未加包装的块材堆垛应保持通风良好。

6.2.2 铺砌前不应对块材浇水，在必要时，可调整砂浆稠度来适应块材的吸水速度。在干热气候下，也可在砌筑前适当喷水，以减少砖的吸水。雨天不得砌筑，对于雨水浸泡的砖不得立即使用。

6.2.3 采用现场配制砂浆，砌筑前应进行试配。专用砂浆，应试配并经砌体试验验证，待符合要求后方可采用。

6.3 砌筑工程

6.3.1 防潮层以上的蒸压粉煤灰砖砌体，宜采用混合砂浆或专用砂浆砌筑，基础、地下室、暖气沟及潮湿部位应采用水泥砂浆砌筑。

6.3.2 蒸压粉煤灰砖不得与其他块体材料混砌。

6.3.3 蒸压粉煤灰砖砌筑时，应符合下列规定：

1 应从外墙转角处或定位处开始砌筑；

2 内、外墙应同时砌筑，纵、横墙应交错搭接。墙体的临时间断处应砌成斜搓，斜搓水平投影长度不应小于高度的 2/3；

3 非抗震设防地区的临时间断处，当不能留斜槎时，除转角处外，可留直槎，但直槎必须做成凸槎。留直槎处应加设拉结钢筋，拉结钢筋的数量为每 120mm 墙厚放置 1 根直径 6mm 钢筋（120 厚墙放置 2 根直径 6mm 钢筋），沿墙高间距应不大于 500mm，埋入长度从留梭处算起每边均不应小于 500mm，对抗震设防烈度为 8 度及 8 度以下的地区，不应小于 1000mm，末端应有 90°弯钩；

4 不得撬动和碰撞已砌的砌体，否则应清除原有的砌筑砂浆重新砌筑；

5 砌体应上下错缝、内外搭接，砖柱不得采用包心砌法。

6.3.4 砌体灰缝应符合下列规定：

1 灰缝应做到横平竖直，全部灰缝均应满铺砂浆；灰缝的砂浆饱满度不得低于 85％；

2 砌筑时的水平灰缝宜采用“三一”砌筑法，对非地震区也可采用铺浆法砌筑，铺灰长度不得超过 750mm，当施工期间最高气温高于 30℃时，铺灰长度不得超过 500mm;

3 砌体水平灰缝的厚度和竖向灰缝的宽度应控制在 8～10mm，所埋设的钢筋网片或拉结筋必须放置在砂浆层中，不得有露筋现象；

4 实心砖墙体灰缝应随砌随勾，灰缝宜内凹 2mm，空心砖墙体的灰缝不应内凹。

6.3.5 砌体相邻工作段的高度差，不得超过一个楼层高度，也不宜大于 4m。工作段的分段位置宜设在伸缩缝、沉降缝或门窗洞口处。

6.3.6 正常施工条件下，砌体的每日砌筑高度宜控制在 1.5m 或一步脚手架高度内。

6.3.7 墙体中设置钢筋混凝土构造柱时，应按绑扎钢筋、砌筑墙体、支设模板、浇筑混凝土的施工顺序进行。墙体与构造柱连接处应砌成马牙搓，柱墙间应按设计设置拉结筋。构造柱模板封闭前，应清除底部垃圾及废弃灰浆。

6.3.8 雨期施工时，蒸压粉煤灰砖不应贴地堆放，并应做好防雨措施。当雨量较大时，应停止砌筑，并对已砌筑的墙体采取防雨措施，防止雨水浸入墙体。雨后继续施工时，应复核墙体的垂直度。

6.3.9 蒸压粉煤灰砖砌体饰面操作顺序应与普通粘土砖相同。墙面抹灰前应堵塞墙面孔洞缝隙，还应清除基层表面的粉末及污物。

6.3.10 抹灰砂浆宜采用专用抹灰砂浆。

6.3.11 清水墙必须进行二次勾缝，勾缝砂浆宜采用细砂拌制的1：1.5水泥砂浆。

6.3.12 冬期施工时，尚应符合现行行业标准《建筑工程冬期施工规程》JGJ 104的有关规定。

6.4 质量验收

6.4.1 蒸压粉煤灰砖砌体的工程质量验收，应符合现行国家标准《砌体工程施工质量验收规范》GB 50203的规定。

本规范用词说明

1 为了便于执行本规范条文时区别对待，对要求严格程度不同的用词，说明如下：

1）表示很严格，非这样做不可的用词：

正面词采用“必须”，反面词采用“严禁”；

2）表示严格，在正常情况下均应这样做的用词：

正面词采用“应”，反面词采用“不应”或“不得”；

3）表示允许稍有选择，在条件许可时首先应这样做的用词：正面词采用“宜”，反面词采用“不宜”；

4）表示有选择，在一定条件下可以这样做的用词，采用“可”。

2 本规范中指明在按其他有关标准执行时，写法为“应符合……的规定”或“应按……执行”。

引用标准名录

《砌体结构设计规范》GB 50003—2001

《建筑地基基础设计规范》GB 50007—2002

《建筑结构荷载规范》GB 50009—2001

《混凝土结构设计规范》GB 50010—2002

《建筑抗震设计规范》GB 50011—2001

《建筑结构可靠度设计统一标准》GB 50068—2001

《公共建筑节能设计标准》GB 50189—2005

《砌体工程施工质量验收规范》GB 50203—2002

《建筑工程抗震设防分类标准》GB 50223—2008

《砌墙砖试验方法》GB/T 2542—2003

《墙体材料术语》GB/T 18968—2003

《民用建筑节能设计标准（采暖居住建筑部分）》 JGJ 26—95

《夏热冬暖地区居住建筑节能设计标准》JGJ 75—2003

《粉煤灰砖》JC 239—2001

条文说明

1 总则

1.0.1 蒸压粉煤灰砖的优势在于节约能源（不须烧结）、保护耕地（不用粘土）、保护环境（利用废弃粉煤灰），是符合我国墙材革新政策的墙体材料之一。蒸压粉煤灰砖是20世纪60年代开始发展起来的、具有中国特色和自主知识产权的一种新型墙体材料和生产技术。当时由于生产设备的局限性，在压制砖坯时无法排除模具内的气体，使得砖的强度和耐久性得不到保证。福建海源自动化机械股份有限公司等单位通过技术革新，解决了这个难题，使得蒸压粉煤灰砖的性能有较大的改善。为了促进我国粉煤灰砖的合理使用，严防劣质产品流入建筑市场，中国工程建设标准化协会组织相关单位编制了本规范，目的在于确保正确使用粉煤灰砖，保证工程质量，提高经济效益、社会效益和环境效益。

1.0.2 根据长沙理工大学、沈阳建筑大学、重庆大学、陕西省建筑科学研究院和重庆建筑科学研究院的大量试验研究表明，由于表面光滑，蒸压粉煤灰砖抗剪强度较低；蒸压粉煤灰多孔砖的抗剪强度尽管与烧结普通砖相差不大，但破坏时变形性能较差，故规定蒸压粉煤灰砖和蒸压粉煤灰多孔砖砌体只能用于8度或8度以下地震设防地区。

2 术语和符号

2.1 术语

2.1.1 蒸压粉煤灰砖是一种替代烧结实心粘土砖较好的墙体材料，已有三十余年历史，但由于早期制砖成型装备的设计技术问题，如传统的蒸压砖生产设备大多为8孔、16孔圆盘压砖机。其压砖过程受压机的机械运动所制约，不可能根据坯料的特点随时变换压制过程，使该砖尺寸误差较大，质量也不稳定。另外传统压机加压时间总计只有1秒，加压曲线对称，在最高压力下停留时间极短，不能排除坯体内部气体，降低了砖的抗折强度，且在长期应用过程中易产生分层剥蚀、墙体开裂，危及到建筑的耐久性。

进入二十一世纪以来，我国在蒸压粉煤灰砖的生产与应用方面上了一个新的台阶，在充分借鉴国外先进经验的基础上，我国在制砖装备方面打了一个翻身仗。如最新开发生产的高吨位液压砖机，就是国内新型墙体建材制造设备的重大突破。该成套设备完全克服并解决了机械砖机的种种弊端。砖的品质得到很大的提升。

参照现行国家标准《墙体材料术语》GB/T 18968，并结合近年来蒸压粉煤灰砖制砖技术的发展状况及建筑应用对砖的要求，蒸压粉煤灰砖定义中增加了多次排气压制成型内容，以区分新旧制砖工艺，推广、采用新工艺、新设备，体现了标准的先进性。

2.1.2 本规范中的蒸压粉煤灰实心砖专指无孔洞的蒸压粉煤灰普通砖或标准砖。

2.1.3 本规范中的蒸压粉煤灰多孔砖专指孔洞率不小于25%、多排半盲孔砖。

2.1.11 蒸压粉煤灰砖由于其原材料的选择及配比的差异，压制及养护制度的不同将直接影响到砖的脆性，调查发现随骨料的减少、掺加粉煤灰量的增加，砖的脆性越发突出，而脆性往往通过砖的抗折指标进行表征。为保证砖的应用质量特提出折压比概念。

2.1.12 现行国家标准《砌墙砖试验方法标准》GB/T 2542 未明确砖的抗压强度试验时非

烧结砖的含水状况。长沙理工大学的试验表明，砖的含水率对砖的抗压强度有较大的影响。砖的耐水性试验中的软化系数试验时，参照美国 ASTM C140，自然状态下的抗压强度指：试验用砖在温度为 20±8℃、相对湿度小于 80%的环境中摊开，砖之间的间隙不小于 13mm，48h 后按照现行国家标准《砌墙砖试验方法标准》GB/T 2542 进行试验。

3 材料和砌体的计算指标

3.1 一般规定

3.1.1 现行行业标准《粉煤灰砖》JC 239 包含了蒸压粉煤灰砖和蒸养粉煤灰砖，有的指标偏低，为了确保工程质量，本规范对蒸压粉煤灰砖提出了更高的要求。

3.1.2 蒸压粉煤灰砖长期受热、温度高于 200℃、受急冷急热或有酸性介质浸蚀的环境中，砖的抗压强度和抗折强度会降低。

3.2 材料

3.2.1 为了保证蒸压粉煤灰砖的耐久性，本条蒸压粉煤灰砖的最低强度等级规定为 MU15。试验表明，砖的孔洞率过大，墙体的变形性能差，故承重墙的孔洞率不应太高。

3.2.2 由于各企业生产蒸压粉煤灰实心砖的原材料、配合比、成型机械装备及蒸养制度差异较大，产品质量参差不齐，用抗压强度单一力学指标评定蒸压粉煤灰实心砖产品质量有一定的局限性。通过 20 余家企业的产品调查并结合当前蒸压粉煤灰砖的工艺及装备能力，同时参考相关标准及有关实验研究，特提出用抗压强度和折压比两项力学指标确定蒸压粉煤灰实心砖的质量要求。

3.2.3 砖的吸水率大小影响砖的耐久性和干燥收缩变形，因此本条限制砖的含水率不能太大。美国 ASTM C73《硅酸盐砖（灰砂砖）》标准规定：用于外墙和潮湿环境且易于受冻的砖（SW 级）的最大体积吸水率为 240kg/m^3（相当于质量含水率 14%）；用于不会受冻场合的砖（MW 级）的最大体积吸水率为 288kg/m^3（相当于质量含水率 17%）。

根据长沙理工大学对全国 11 个厂家的蒸压粉煤灰试验，其中 6 家质量含水率在 18%～23%之间，最小的质量含水率 16.2%，最大的达到 32.4%。另外，长沙理工大学的不同吸水率蒸压粉煤灰砖的冻融和软化试验表明，吸水率小于 20%的砖，抗冻性和抗水性较好，故取 20%。

3.2.4 长沙理工大学对全国 11 个厂家的 110 个蒸压粉煤灰试验结果表明，蒸压粉煤灰砖从饱和到绝干的干燥收缩率平均值为 0.317。

蒸压粉煤灰砖的干燥收缩试验方法参照现行国家标准《砌墙砖试验方法》GB/T 2542。

3.2.5 根据砌体所处地区是否为采暖地区以及环境条件，区分不同的抗冻要求。本条要求比现行行业标准《粉煤灰砖》JC 239 有较大幅度提高。工程调查表明，蒸压粉煤灰砖的冻害是导致墙体劣化的主要原因之一，因此对粉煤灰砖规定了较严格的抗冻性能要求，以确保砌体结构的耐久性。

蒸压粉煤灰砖的冻融试验方法参照现行国家标准《砌墙砖试验方法》GB/T 2542—2003。

3.2.6 现行国家标准《砌体结构设计规范》GB 50003 规定“确定蒸压粉煤灰砖的强度等级时，其抗压强度应乘以自然碳化系数，当无自然碳化系数时，可取人工碳化系数的 1.15 倍”，现行国家标准《砌墙砖试验方法》GB/T 2542 采用人工碳化系数指标，0.85×1.15=

0.98，即当人工碳化系数大于 0.85 时，砖的强度等级无需修正。

3.2.7 取消了现行国家标准《砌体结构设计规范》GB 50003 中的 M2.5 等级砂浆，主要是考虑到粉煤灰砖的表面较光滑，抗剪强度和粘结强度较低。

3.2.8 由于粉煤灰砖的表面光滑，粘结强度低，影响砌体的抗剪强度，采用专用砂浆后，砌体的抗剪强度可以较大幅度的提高。应该注意，本规范未给出相应的强度指标，应进行研究性试验并须通过鉴定。值得注意的是专用砂浆物理力学性能的优劣取决于砂浆改性材料、配合比及其制备技术。但是，目前砂浆改性材料品种繁多、价格相差悬殊、性能各异，甚至有的产品名不副实。还有的仅进行少量试验或仅提供一个配方就被采用，为确保砌体的安全度和耐久性特制订此条文。

3.2.9 以往对砂浆的抗冻性要求不高，一般仅为 15 次。近年来一些掺有大量粉煤灰或各类引气剂的砂浆不断被采用，若不对其质量严加监控，作为墙体的重要组成部分——砂浆将会出现严重的质量问题，并将危及墙体的使用及安全。本条款对砂浆提出了与非烧结块材相同的抗冻要求。

砂浆的抗冻性能参照现行行业标准《建筑砂浆基本性能试验方法》JGJ 70。

3.3 蒸压粉煤灰砖砌体的计算指标

3.3.1 根据长沙理工大学、重庆大学、沈阳建筑大学 54 个普通砖标准试件和 54 个多孔砖标准试件的试验结果表明，沈阳建筑大学、重庆大学、长沙理工大学蒸压粉煤灰普通砖砌体抗压强度试验值与按现行国家标准《砌体结构设计规范》GB 50003 的计算值的比值平均值分别为 1.182、1.230、1.032，沈阳建筑大学、重庆大学蒸压粉煤灰多孔砖砌体抗压强度试验值与按现行国家标准《砌体结构设计规范》GB 50003 计算值的比值平均值分别为 1.048、1.188，故蒸压粉煤灰砖砌体的抗压强度设计值采用砌体结构设计规范值。

3.3.2 长沙理工大学、重庆建筑科学研究院、沈阳建筑大学、重庆大学、陕西省建筑科学研究院的 125 个蒸压粉煤灰普通砖砌体、87 个蒸压粉煤灰多孔砖砌体以及 51 个对比用的烧结砖砌体的试验结果表明，重庆市建科院、重庆大学、长沙理工大学、陕西省建研院、沈阳建筑大学蒸压粉煤灰普通砖砌体的试验值与现行国家标准《砌体结构设计规范》GB 50003 的计算值平均分别为 1.318、1.864、0.969、1.316、1.467；重庆市建科院、陕西省建研院、沈阳建筑大学的蒸压粉煤灰普通砖砌体抗剪强度试验值与页岩砖砌体比值的平均分别为 0.798、1.356、1.122；蒸压粉煤灰多孔砖砌体的抗剪强度试验值高于蒸压粉煤灰普通砖砌体抗剪强度试验值，重庆大学、长沙理工大学和陕西省建研院普通砖砌体与多孔砖砌体试验值比值的平均值分别为 1.091、0.874、0.814。鉴于蒸压粉煤灰普通砖砌体抗剪强度比现行国家标准《砌体结构设计规范》GB 50003 高较多的缘故，故将折减系数由现行国家标准《砌体结构设计规范》GB 50003 的 0.7 提高到了 0.8，而多孔砖砌体与普通砖砌体取值相同，偏于安全。

3.3.3 因为粉煤灰砖砌体的粘结强度较低，施工质量应该保证较高水平，本条规定不容许 C 级施工质量控制。

3.3.4 由于有吊车房屋砌体一般不采用蒸压粉煤灰砖砲体，取消了现行国家标准《砌体结构设计规范》GB 50003—2001 第 3.2.3 条的相关规定。

由于蒸压粉煤灰多孔砖砌体的脆性性质，其调整范围由普通砖砌体的 0.3m^2 调整到了 0.5m^2，强度折减系数也调到了 0.5+A。

蒸压粉煤灰多孔砖砌体的抗压强度取蒸压普通砖砌体的 90%，也是考虑到这种砌体的脆性性质。

3.3.5 本节中表 3.3.1 和表 3.3.2 中数值为混合砂浆砌筑，如采用专用砂浆，可根据可靠的试验确定。

3.3.7 长沙理工大学、重庆大学、沈阳建筑大学以及四川建筑科学研究院的试验研究表明，粉煤灰砖砌体的弹性模量较烧结粘土砖砌体小，前者大约为后者的 66%，故取 1060f。

粉煤灰砖砌体的线胀系数参考现行国家标准《砌体结构设计规范》GB 50003 的有关规定确定。

根据长沙理工大学的 8 片不同环境、不同砖的上墙含水率的蒸压粉煤灰砖砌体墙的试验结果，取最不利的干燥环境下砌体砂浆初凝到平衡含水率时的总收缩率，−0.2mm/m。

3.3.9 粉煤灰砖中虽然含有少量未燃尽煤，但早年试验证明只要原材料中的含炭量控制在规定的指标以内，粉煤灰砖建筑构件可以达到非燃烧体性能的要求。

3.3.11～3.3.12 根据国家建筑工程质量监督检验中心节能部对全国三个厂家的蒸压粉煤灰砖和一厂家的蒸压粉煤灰多孔砖的检验结果表明，两面未抹灰的 240mm 厚蒸压粉煤灰砖砌体墙的传热系数平均值为 2.10W/（m^2·K）、热阻为 0.32m^2·K/W，两面未抹灰的 240mm 厚的蒸压粉煤灰多孔砖砌体的传热系数为 1.40W/（m^2·K）、热阻为0.58m^2·K/W。

120mm 厚墙的热阻近似取 240 厚墙体的一半。

热惰性指标按式：$D_b=R\cdot S$ 求得。

4 建筑设计及建筑节能设计

4.1 建筑设计

4.1.2 多孔砖主规格为：240mm×115mm×90mm，按 1M（90mm 砖厚度加 10mm 砂浆厚）进行设计，这样可以减少多孔砖种类，设计中勿须排块，方便设计和施工，合理的模数也是有利于建筑产业化实施的条件。

墙体设置伸缩缝是为了防止墙体因温差和干缩变形产生裂缝的措施，沉降缝、抗震缝应根据地基及抗震设防的情况设置。设缝时宜将多种缝协调设置，设缝后作好室内外嵌缝的处理，以保证使用功能及美观协调的要求。

工程实践表明，多孔砖砌体，在墙体上开凿洞口或沟槽将导致墙体因扰动而开裂。另外由于填充洞口或沟槽的随意性造成墙体局部裂缝现象屡见不鲜。因此规定预留孔洞、管线槽应在施工图上详细标注，施工完后应用混凝土填实。

4.2 建筑节能设计

4.2.5 粉煤灰砖砌体建筑外墙中圈梁、构造柱、窗过梁等热桥部位的传热系数远大于墙主体断面的传热系数，因此，进行建筑节能热工计算时，应考虑上述局部热桥的影响。同时，本条文规定的目的在于防止冬季热桥部位内表面温度低于室内空气露点温度时，外墙热桥局部产生的结露问题。

5 结构设计

5.1 设计原则

5.1.1～5.1.2 根据现行国家标准《建筑结构可靠度设计统一标准》GB 50068，结构设计采用概率极限状态设计原则和分项系数表达的计算方法。砌体结构的正常使用极限状态的验算是按照构造措施来保证。

5.2 一般规定

5.2.1 按国家现行相关标准采用，±0.00 以下基础砌体中，考虑到该部位比较潮湿砖强度宜受软化作用影响，且该部位荷载效应比较大，故规定用强度等级不小于 MU20 蒸压粉煤灰实心砖与强度等级不小于 M10 的水泥砂浆砌筑，该规定比现行国家标准《砌体结构设计规范》GB 50003 更严格，主要是为了确保施工质量。

5.2.2 试验研究表明，粉煤灰砖长期处于潮湿工作环境其强度劣化严重，故规定不得将软化系数小于 0.85 的粉煤灰砖用于防潮层以下及潮湿部位。

5.3 静力设计

5.3.1 砌体房屋的静力计算方法与砌体材料的类型关系不大，因此蒸压粉煤灰砖砌体房屋仍可采用现行国家标准《砌体结构设计规范》GB 50003—2001 第 4 章的有关规定。

5.4 抗震设计

5.4.1～5.4.6 陕西省建筑科学研究院、长沙理工大学和重庆大学完成了 31 片足尺墙片试验试验结果表明：试验值与按现行国家标准《建筑抗震设计规范》GB 50011 计算值之比值的平均值为 1.324，变异系数为 0.198，即采用抗震规范中的主拉公式来计算蒸压粉煤灰砖砌体的抗剪强度是偏于安全的。

房屋层数及高度限值参照现行国家标准《建筑抗震设计规范》GB 50011—2001 表 7.1.2 并结合蒸压粉煤灰砖砌体房屋抗震试验研究成果，即考虑到蒸压粉煤灰实心砖砌体在较高应力作用下，呈严重的脆性破坏，故将 6、7 度区房屋层数及高度分别限定为 6 层 18m，8 度区房屋的屋层数及高度亦分别予以相应降低。

考虑到蒸压粉煤灰砖砌体抗剪强度较低，所以这种砌体房屋不宜在 9 度地震设防区建设；抗震横墙的最大间距在考虑了目前蒸压粉煤灰砖的应用技术水平及工程现状后，在现行国家标准《建筑抗震设计规范》GB 50011—2001 规定的基础上进行了必要的调整。

5.5 构造要求与措施

5.5.1 对于有软弱或有软弱下卧层场地，本规范规定须有增强基础整体刚度措施，以防止或减轻由于基础不均匀沉降造成上部墙体裂缝。

5.5.2 顶层墙体的裂缝主要是由于屋面辐射热产生屋盖伸缩以及墙体本身的体积变形导致开裂；底层的墙体裂缝是由于墙体本身的体积变形（温度、干湿等）受到基础的约束而产生开裂。

蒸压粉煤灰砖是我国独有的一种墙体材料，尚未见它的线膨胀系数试验结果，但根据我国现行国家标准《砌体结构设计规范》GB 50003，这种砖砌体的线膨胀系数为 8×10^{-6}，比烧结砖砌体（5×10^{-6}）的要大。另外，根据长沙理工大学对不同环境不同上墙含水率的砖砌体的砌体干燥收缩试验及粉煤灰砖的干燥收缩试验结果表明，烧结粘土砖的干燥收缩变形很小，几乎可以忽略，而粉煤灰砖砌体从上墙含水率到平衡含水率之间的实际干燥收缩变形则为－0.2mm/m。

根据分析计算，地基约束墙体体积变形将在墙底部产生裂缝，且在房屋层数较多时开裂的可能性不大；房屋顶部墙体体积变形裂缝主要原因是屋盖的辐射热导致屋盖与墙体的温差变形，这种变形对于烧结砖墙体和粉煤灰砖砌体差距不太大。因此，在本条中温度伸缩缝的间距仍参照现行国家标准《砌体结构设计规范》GB 50003，不过考虑到蒸压粉煤灰砖砌体体积变形的特点，在顶层及底层墙体采取更严厉的“抗”的措施来保证墙体由于干燥收缩变形大导致的顶层及底层裂缝问题。

值得指出的是条文对外墙外保温墙体或夹心保温复合墙体房屋伸缩缝间距予以了放宽(与现行国家标准《砌体结构设计规范》GB 50003 对普通砖砌体房屋一致)，因外墙采取了外保温技术或夹心保温复合技术后将减少室外温度对墙体的影响。

5.5.3 砌体房屋顶层通常由于温度变形在两端产生裂缝，本规范除了按第 5.5.2 条采取放的方式外，尚应对房屋顶层进行加强来抵抗温度和干燥伸缩变形产生的裂缝。本条主要是在现行国家标准《砌体结构设计规范》GB 50003 针对烧结粘土砖的基础上进行了加强，包括顶层构造柱的设置、顶层圈梁的截面和配筋、顶层端部墙体内的水平灰缝配筋等进行了明确规定和适当的加强。

5.5.4 底层墙体的裂缝主要是由于砌体体积变形和地基不均匀沉降引起。对于蒸压粉煤灰砖砌体，应采取更严厉的“抗”的措施，包括：增加基础圈梁的刚度来抵抗地基不均匀沉降；在较薄弱的窗台墙下增设水平灰缝钢筋或钢筋混凝土现浇带等。

5.5.5 为预防填充墙的干燥收缩裂缝。

5.5.6 引自现行国家标准《建筑抗震设计规范》GB 50011—2001 第 13.3.3 条，并考虑墙体高厚比的要求编制，且给出了钢筋混凝土现浇带的具体构造。

5.5.7 为增强房屋整体性。

5.5.8 为增强洞口对墙体的削弱。

5.5.9 由于夹心复合墙的外叶受外界温度、湿度影响较大，且夹心墙内、外叶墙的变形难以协调，所以易产生墙体裂缝。

6 施工技术与质量验收

6.1 一般规定

6.1.2 应复检砖的抗压强度、吸水率和干燥收缩值等指标。

6.1.3 蒸压砖出釜时含水率较高，为了减少砖上墙含水率，减少干燥收缩，因砖出釜存放7 天后，其失水收缩基本稳定，并要求采取适当的防雨措施。

6.1.4 由于蒸压粉煤灰砖的粘结强度较低以及采取不浇水砌筑，施工方案应明确采取的措施：砂浆种类的确定；砂浆的配合比以及砌筑时的注意事项。

6.2 施工准备

6.2.1 保证砖的等级不混乱，保持表面清洁。

6.2.2 长沙理工大学的试验表明：砖的上墙含水率很小或者很大时，蒸压粉煤灰砖砌体的抗剪强度降低很快；砖的上墙含水率越大，砌体的干燥收缩变形越大。蒸压粉煤灰砖出釜时含水率约为 10%，将其放置在通风良好的室内，出釜后 7 天含水率约为 5%，14 天含水率约为 3%。在不影响砌体抗剪强度和砌体可操作性的前提下，为了减少墙体干燥收缩，不宜像烧结砖那样提前浇水砌筑。当天气十分干燥或砖含水率太小时，影响了正常的砂浆铺砌，一般可采取专用砂浆或者调整砂浆将配合比进行砌筑，或者在砖表面适当喷水后砌筑。

6.2.3 气候条件等因素对砂浆质量有影响，试配有利于确保砂浆质量。

6.3 砌筑工程

6.3.1 防潮层以上采用和易性较好的混合砂浆或专用砂浆砌筑是为了提高砌体的抗剪强度；防潮层以下采用水泥砂浆砌筑是为了提高砌体耐久性。

6.3.2 不同材料的干燥收缩变形不同，容易产生开裂。

6.3.3 为保证施工中墙体整体稳定性。

6.3.5～6.3.12 保证墙体砌筑质量的措施。

6.4 质量验收

6.4.1 要求蒸压粉煤灰砖砌体的质量达到现行国家标准《砌体工程施工质量验收规范》GB 50203 的规定。

水工混凝土掺用粉煤灰技术规范 DL/T 5055—2007

1 范围

本标准规定了水工混凝土中粉煤灰掺和料的技术要求、试验方法、标识、验收和保管，以及水工混凝土掺用粉煤灰的技术要求、质量控制和检验方法。

本标准适用于各类水电水利工程掺用粉煤灰的混凝土。

水工砂浆掺用粉煤灰可参照执行。

2 规范性引用文件

下列文件中的条款通过本标准的引用而成为本标准的条款。凡是注日期的引用文件，其随后所有的修改单（不包括勘误的内容）或修订版均不适用于本标准，然而，鼓励根据本标准达成协议的各方研究是否可使用这些文件的最新版本。凡是不注日期的引用文件，其最新版本适用于本标准。

GB 175　通用硅酸盐水泥

GB/T 176　水泥化学分析方法

GB 200　中热硅酸盐水泥、低热硅酸盐水泥、低热矿渣硅酸盐水泥

GB/T 1346　水泥标准稠度用水量、凝结时间、安定性检验方法

GB/T 2419　水泥胶砂流动度测定方法

GB 6566　建筑材料放射性核素限量

GB 12573　水泥取样方法

GB/T 17671　水泥胶砂强度检验方法（ISO 法）

GSB 08—1337　中国 ISO 标准砂

DL/T 5112　水工碾压混凝土施工规范

DL/T 5144　水工混凝土施工规范

DL/T 5330　水工混凝土配合比设计规程

3 术语和定义

下列术语和定义适用于本标准。

3.0.1　粉煤灰　fly ash

燃煤电厂煤粉炉烟道气体中收集的粉末。

3.0.2　F 类粉煤灰　class F fly ash

由无烟煤或烟煤煅烧收集的粉煤灰。

3.0.3　C 类粉煤灰　class C fly ash

由褐煤或次烟煤煅烧收集的粉煤灰，其氧化钙含量一般大于 10%。

3.0.4　胶凝材料　cementitious material

混凝土或砂浆中水泥及矿物掺和料的总称。

3.0.5 粉煤灰掺量 fly ash content

粉煤灰质量占胶凝材料质量的百分比。

4 总则

4.0.1 为保证掺用粉煤灰水工混凝土的工程质量，制定本标准。

4.0.2 掺粉煤灰的水工混凝土应满足强度、变形、热学、耐久性等设计要求。

5 粉煤灰的技术要求

5.1 分级及技术要求

5.1.1 用于水工混凝土的粉煤灰分为Ⅰ级、Ⅱ级、Ⅲ级三个等级，其技术要求应符合表5.1.1的规定。

表 5.1.1 用于水工混凝土的粉煤灰的技术要求

<table>
<tr><th colspan="2" rowspan="2">项　目</th><th colspan="3">技术要求</th></tr>
<tr><th>Ⅰ级</th><th>Ⅱ级</th><th>Ⅲ级</th></tr>
<tr><td rowspan="2">细度（45μm方孔筛筛余）%</td><td>F类粉煤灰</td><td rowspan="2">≤12.0</td><td rowspan="2">≤25.0</td><td rowspan="2">≤45.0</td></tr>
<tr><td>C类粉煤灰</td></tr>
<tr><td rowspan="2">需水量比%</td><td>F类粉煤灰</td><td rowspan="2">≤95</td><td rowspan="2">≤105</td><td rowspan="2">≤115</td></tr>
<tr><td>C类粉煤灰</td></tr>
<tr><td rowspan="2">烧失量%</td><td>F类粉煤灰</td><td rowspan="2">≤5.0</td><td rowspan="2">≤8.0</td><td rowspan="2">≤15.0</td></tr>
<tr><td>C类粉煤灰</td></tr>
<tr><td rowspan="2">含水量%</td><td>F类粉煤灰</td><td colspan="3" rowspan="2">≤1.0</td></tr>
<tr><td>C类粉煤灰</td></tr>
<tr><td rowspan="2">三氧化硫%</td><td>F类粉煤灰</td><td colspan="3" rowspan="2">≤3.0</td></tr>
<tr><td>C类粉煤灰</td></tr>
<tr><td rowspan="2">游离氧化钙%</td><td>F类粉煤灰</td><td colspan="3">≤1.0</td></tr>
<tr><td>C类粉煤灰</td><td colspan="3">≤4.0</td></tr>
<tr><td>安定性</td><td>C类粉煤灰</td><td colspan="3">合格</td></tr>
</table>

5.1.2 粉煤灰的放射性应合格。

5.1.3 当粉煤灰用于活性骨料混凝土时，需限制粉煤灰的碱含量，其允许值应经试验论证确定。粉煤灰的碱含量以钠当量（$Na_2O+0.658K_2O$）计。

5.1.4 宜控制粉煤灰的均匀性，粉煤灰的均匀性可用需水量比或细度为考核依据。

5.2 试验方法

5.2.1 粉煤灰的细度按附录A测定。

5.2.2 粉煤灰的需水量比按附录B测定。

5.2.3 粉煤灰的烧失量、三氧化硫含量、游离氧化钙和碱含量按 GB/T 176 测定。

5.2.4 粉煤灰的含水量按附录 C 测定。

5.2.5 粉煤灰的安定性按附录 D 测定。

5.2.6 粉煤灰的放射性按 GB 6566 测定。

5.3 标识

5.3.1 粉煤灰生产厂应按批检验，并向用户提交每批粉煤灰的检验结果及出厂产品合格证。

5.3.2 出厂粉煤灰应标明产品名称、类别、等级、生产方式、批号、执行标准号、生产厂名称和地址、出厂日期。袋装粉煤灰还应标明净质量。

5.4 检验与验收

5.4.1 对进场的粉煤灰应按批取样检验。粉煤灰的取样以连续供应的相同等级、相同种类的 200t 为一批，不足 200t 者按一批计。

5.4.2 取样方法按 GB 12573 进行。取样应有代表性，应从 10 个以上不同部位取样。袋装粉煤灰应从 10 个以上包装袋内等量抽取：散装粉煤灰应从至少三个散装集装箱（罐）内抽取，每个集装箱（罐）应从不同深度等量抽取。抽取的样品混合均匀后，按四分法取出比试验用量大两倍的量作为试样。

5.4.3 对进场粉煤灰抽取的检验样品，应留样封存，并保留 3 个月。当有争议时，对留样进行复检或仲裁检验。

5.4.4 每批 F 类粉煤灰应检验细度、需水量比、烧失量、含水量，三氧化硫和游离氧化钙可按 5～7 个批次检验一次。每批 C 类粉煤灰应检验细度、需水量比、烧失量、含水量、游离氧化钙和安定性，三氧化硫可按 5～7 个批次检验一次。

5.4.5 不同来源的粉煤灰使用前应进行放射性检测。

5.4.6 粉煤灰经检验后，符合 5.1 的规定时为等级品。其中任何一项不符合规定要求时，允许在同一批次中重新加倍取样进行全部项目的复检，以复检结果判定。

5.4.7 当对产品质量有争议时，应将样品签封，送省级或省级以上国家认可的质量监督检验机构进行仲裁检验。

5.5 保管

5.5.1 粉煤灰的储存应设置专用料仓或料库，分类分级存放，并应采取防尘、防潮措施。

5.5.2 粉煤灰的运输、储存、使用应避免对环境的污染。

6 水工混凝土掺用粉煤灰的技术要求

6.0.1 掺粉煤灰混凝土的设计强度等级、强度保证率和标准差等指标，应与不掺粉煤灰的混凝土相同，按有关规定取值。

6.0.2 掺粉煤灰混凝土的强度、抗渗、抗冻等设计龄期，应根据建筑物类型和承载时间确定，宜采用较长的设计龄期。

6.0.3 永久建筑物水工混凝土宜采用Ⅰ级粉煤灰或Ⅱ级粉煤灰，坝体内部混凝土、小型工程和临时建筑物的混凝土，经试验论证后也可采用Ⅲ级粉煤灰。

6.0.4 永久建筑物水工混凝土 F 类粉煤灰的最大掺量应符合表 6.0.4 中的规定。其他混凝土可参照执行。

表 6.0.4　F 类粉煤灰最大掺量　　%

混凝土种类		硅酸盐水泥	普通硅酸盐水泥	矿渣硅酸盐水泥（P·S·A）
重力坝碾压混凝土	内部	70	65	40
	外部	65	60	30
重力坝常态混凝土	内部	55	50	30
	外部	45	40	20
拱坝碾压混凝土		65	60	30
拱坝常态混凝土		40	35	20
结构混凝土		35	30	—
面板混凝土		35	30	—
抗磨蚀混凝土		25	20	—
预应力混凝土		20	15	—

注 1：本表适用于 F 类Ⅰ、Ⅱ级粉煤灰，F 类Ⅲ级粉煤灰的最大掺量应适当降低，降低幅度应通过试验论证确定。

注 2：中热硅酸盐水泥、低热硅酸盐水泥混凝土的粉煤灰最大掺量与硅酸盐水泥混凝土相同；低热矿渣硅酸盐水泥、火山灰质硅酸盐水泥、粉煤灰硅酸盐水泥混凝土的粉煤灰最大掺量与矿渣硅酸盐水泥（P·S·A）混凝土相同。

注 3：本表所列的粉煤灰最大掺量不包含代砂的粉煤灰。

6.0.5　水工混凝土掺 C 类粉煤灰时，掺量应通过试验论证确定。

6.0.6　掺粉煤灰混凝土的胶凝材料用量，应符合 DL/T 5112 及 DL/T 5144 的规定。

6.0.7　掺粉煤灰混凝土的配合比设计，按 DL/T 5330 执行。

6.0.8　粉煤灰与水泥、外加剂的适应性应通过试验论证。

6.0.9　掺粉煤灰混凝土的拌和物应搅拌均匀，搅拌时间应通过试验确定。

6.0.10　掺粉煤灰混凝土浇筑时不应漏振或过振，振捣后的混凝土表面不得出现明显的粉煤灰浮浆层。

6.0.11　掺粉煤灰混凝土的暴露面应潮湿养护，应适当延长养护时间。

6.0.12　掺粉煤灰混凝土在低温施工时应采取表面保温措施，拆模时间应适当延长。

7　掺粉煤灰混凝土的质量控制和检查

7.0.1　掺粉煤灰常态混凝土的质量控制和检查按 DL/T 5144 的规定执行。

7.0.2　掺粉煤灰碾压混凝土的质量控制与检查按 DL/T 5112 的规定执行。

附　录　A
（规范性附录）
粉煤灰细度试验方法

A.1　目的及适用范围

规定了粉煤灰细度试验用负压筛析仪的结构和组成，适用于测定粉煤灰的细度。

A.2　仪器设备

A.2.1　负压筛析仪：主要由 45μm 方孔筛、筛座、真空源和收尘器等组成，其中 45μm 方

孔筛内径为 ϕ150mm，高度为 25mm。

A.2.2 天平：量程不小于 50g，最小分度值不大于 0.01g。

A.3 试验步骤

A.3.1 将测试用粉煤灰样品置于温度为 105℃～110℃烘干箱内烘至恒重，取出放在干燥器中冷却至室温。

A.3.2 称取试样约 10g，准确至 0.01g，倒入 45μm 方孔筛筛网上，将筛子置于筛座上，盖上筛盖。

A.3.3 接通电源，将定时开关固定在 3min 刻度上，开始筛析。

A.3.4 开始工作后，观察负压表，使负压稳定在 4000Pa～6000Pa。若负压小于 4000Pa，则应停机，清理收尘器中的积灰后再进行筛析。

A.3.5 在筛析过程中，可用轻质木棒或硬橡胶棒轻轻敲打筛盖，以防吸附。

A.3.6 3min 后筛析自动停止，停机后观察筛余物，出现颗料成球、粘筛或有细颗料沉积在筛框边缘，用毛刷将细颗料较轻刷开，将定时开关固定在手动位置，再筛析 1min～3min 直至筛分彻底为止。将筛网内的筛余物收集并称量，准确至 0.01g。

A.4 试验结果处理

45μm 方孔筛筛余按式（A.1）计算（准确至 0.1%）：

$$R=\frac{m_1}{m_0}\times 100\times K \tag{A.1}$$

式中：

R——45μm 方孔筛筛余，%；

m_1——筛余物的质量，g；

m_0——筛分前试样的质量，g；

K——筛网校正系数。

每个样品应称取两个试样分别筛析，取筛余算术平均值为筛析结果。若两次筛余结果绝对误差大于 0.5%时（筛余值大于 5.0%时可放至 1.0%）应再做一次试验，取两次相近结果的算术平均值作为最终结果。

A.5 筛网的校正

A.5.1 筛网的校正采用粉煤灰细度标准样品或其他同等级标准样品，按 A.3 步骤测定标准样品的细度。筛网的校正试验应称取两个标准样品连续进行，中间不得插作其他样品试验，取筛余算术平均值作为标准样品筛余实测值。若两个样品筛余结果绝对误差大于 0.3%时，应称取第三个样品进行试验，并取两次相近结果的算术平均值作为最终结果。

A.5.2 筛网校正系数按式（A.2）计算（准确至 0.1）：

$$K=\frac{R_0}{R_1} \tag{A.2}$$

式中：

R_0——标准样品筛余标准值，%；

R_1——标准样品筛余实测值，%。

A.5.3 当 K 值在 0.80～1.20 范围内时，筛网可以继续使用，K 值可作为筛网校正系数。当 K 值超出 0.80～1.20 范围时，试验筛网应予以淘汰。

A.5.4 筛析150个样品后应进行筛网的校正。

附 录 B
（规范性附录）
粉煤灰需水量比试验方法

B.1 目的及适用范围

测定粉煤灰的需水量比，用于评定粉煤灰的质量。

B.2 仪器设备及材料

B.2.1 天平：量程不小于1000g，最小分度值不大于1g。

B.2.2 行星式水泥胶砂搅拌机。

B.2.3 流动度跳桌。

B.2.4 试模：用金属材料制成，由截锥圆模和模套组成。截锥圆模内壁应光滑，尺寸为：高度60mm±0.5mm；上口内径70mm±0.5mm；下口内径100mm±0.5mm；下口外径120mm。模套与截锥圆模配合使用。

B.2.5 捣棒：用金属材料制成，直径为20mm±0.5mm，长度约200mm，捣棒底面与侧面成直角，其下部光滑，上部手滚银花。

B.2.6 卡尺：量程为200mm，分度值不大于0.5mm。

B.2.7 小刀：刀口平直，长度大于80mm。

B.2.8 水泥：应优先采用符合GB 200的中热硅酸盐水泥，也可采用符合GB 175的42.5硅酸盐水泥（P·I型）。

B.2.9 标准砂：符合GSB 08—1337规定的0.5mm～1.0mm的中级砂。

B.2.10 水：洁净的饮用水。

B.3 试验步骤

B.3.1 胶砂配比如表B.1所示。

表B.1 胶砂配比

胶砂种类	水泥 g	粉煤灰 g	标准砂 g	加水量 mL
对比胶砂	250	—	750	按流动度达到130mm～140mm控制
试验胶砂	175	75	750	按流动度达到130mm～140mm控制

B.3.2 对比胶砂和试验胶砂均按GB/T 17671规定进行搅拌。

B.3.3 胶砂流动度按GB/T 2419测定。对比胶砂和试验胶砂的流动度差值不宜大于3mm。

B.4 试验结果处理

需水量比按式（B.1）计算（准确至1%）：

$$X=\frac{V_1}{V_0}\times 100 \tag{B.1}$$

式中：

X——需水量比，%；

V_1——试验胶砂流动度达到130mm～140mm的加水量，mL；

V_0——对比胶砂流动度达到130mm～140mm的加水量，mL。

附　录　C
（规范性附录）
粉煤灰含水量试验方法

C.1　目的及适用范围

测定粉煤灰的含水量，用于评定粉煤灰的质量。

C.2　仪器设备

C.2.1　烘干箱：可控温度不低于110℃，最小分度值不大于2℃。

C.2.2　天平：量程不小于50g，最小分度值不大于0.01g。

C.3　试验步骤

C.3.1　称取粉煤灰试样约50g，准确至0.01g，倒入蒸发皿中。

C.3.2　将烘干箱温度调整并控制在105℃～110℃。

C.3.3　将粉煤灰试样放入烘干箱内烘干，取出放在干燥器中冷却至室温后称量，准确至0.01g，直至质量恒定。

C.4　试验结果处理

含水量按式（C.1）计算（准确至0.1%）：

$$P_w=\frac{m_{w0}-m_{w1}}{m_{w0}}\times100 \tag{C.1}$$

式中：

P_w——含水量，%；

m_{w0}——烘干前试样的质量，g；

m_{w1}——烘干后试样的质量，g。

每个样品应称取两个试样进行试验，取两个试样含水量的算术平均值为试验结果。若两个试样含水量的绝对差值大于0.2%时，应重新试验。

附　录　D
（规范性附录）
粉煤灰安定性试验方法

D.1　目的及适用范围

测定粉煤灰中由游离氧化钙造成的体积安定性，用于评定粉煤灰的质量。

D.2　仪器设备及材料

D.2.1　水泥净浆搅拌机。

D.2.2　水泥标准养护箱。

D.2.3　沸煮箱：有效容积约为410mm×240mm×310mm，箅板的结构应不影响试验结果，箅板与加热器之间的距离大于50mm。箱的内层由不易锈蚀的金属材料制成，能在30min±5min内将箱内的试验用水由室温升到沸腾状态并保持3h以上，整个试验过程中不需补充水量。

D.2.4 雷氏夹：由铜质材料制成。当一根指针的根部先悬挂在一根金属丝或尼龙丝上，另一根指针的根部再挂上 300g 质量的砝码时，两根指针针尖的距离增加应在 17.5mm±2.5mm 范围内，当去掉砝码后针尖的距离能恢复至挂砝码前的状态。每个雷氏夹配备 100mm×100mm 左右的方形玻璃板两块。

D.2.5 雷氏夹膨胀测定仪：标尺最小刻度为 0.5mm。

D.2.6 量水器：最小刻度 0.1mL，精度 1%。

D.2.7 天平：量程不小于 1000g，最小分度值不大于 1g。

D.2.8 水泥：应优先采用符合 GB 200 的中热硅酸盐水泥，也可采用符合 GB 175 的 42.5 硅酸盐水泥（P·Ⅰ型）。

D.2.9 水：洁净的饮用水。

D.3 试验步骤

D.3.1 净浆配比如表 D.1 所示。

表 D.1 净浆配比

水泥 g	粉煤灰 g	加水量 mL
350	150	按标准稠度控制

D.3.2 按 GB/T 1346 规定，配制标准稠度净浆。

D.3.3 在雷氏夹和两块玻璃板表面薄薄地涂一层黄油，在一块玻璃板上放置雷氏夹，将标准稠度净浆装满雷氏夹，用宽约 10mm 的小刀插捣数次，抹平，盖上另一块玻璃扳。需成型两个试件。

D.3.4 将试件及玻璃板迅速移至水泥标准养护箱，养护 24h±2h。

D.3.5 取出试件测量雷氏夹指针尖端间的距离，精确到 0.5mm。

D.3.6 将试件放入沸煮箱中的试件架上，在 30min±5min 内煮沸，并持续 180min±5min。应保证沸煮过程中水位始终超过试件，不得中途加水。

D.3.7 沸煮结束后，立即放掉沸煮箱中的热水，打开箱盖，待箱体冷却至室温，取出试件测量雷氏夹指针尖端的距离，准确至 0.5mm。

D.4 试验结果处理

当两个试件煮后增加距离的平均值不大于 5.0mm 时，判定粉煤灰安定性合格，否则安定性不合格。

条文说明

4 总则

4.0.1 近年来优质粉煤灰的产量大幅提高，包括三峡工程在内的国内大中型水电水利工程多使用Ⅰ级粉煤灰，取得了巨大的技术、经济和社会效益。在混凝土中掺粉煤灰，不仅有利于保护环境，节约水泥，降低混凝土的水化热温升，简化混凝土的温控措施，实现快速施工，而且粉煤灰的形态效应、微集料效应和火山灰效应能改善混凝土性能，提高混凝土的耐久性。Ⅰ级、Ⅱ级粉煤灰由于其含碳量低、颗粒细、球形颗料含量高，使形态效应、微集料效应和火山灰效应得以充分发挥。

5 粉煤灰的技术要求

5.1.1 本条参照 GB/T 1596—2005 制定。

与原标准相比增加了 C 类粉煤灰的技术要求。C 类粉煤灰的应用尚处于起步阶段，特别是缺乏在水电水利工程中的应用经验，因此 C 类粉煤灰的使用应慎重，注意经验的税累。C 类粉煤灰中含有较高的 f_{CaO}，容易出现安定性不良问题，为保证工程质量，对 C 类粉煤灰不仅要控制 f_{CaO} 含量，同时要求安定性应合格。

与原标准相比，粉煤灰的细度试验 45μm 方孔筛直径由原来的 200mm 改为 150mm，样品称量由 50g 改为 10g，对比试验表明不影响筛析试验结果。Ⅰ级和Ⅲ级粉煤灰细度指标不变，将Ⅱ级粉煤灰细度指标由原来不大于 20%改为不大于 25%。原标准制定时，限于当时火电厂生产工艺水平和生产规模等因素，能生产Ⅰ级粉煤灰的厂家较少，且产量偏小，工程普遍使用Ⅱ级粉煤灰，因此对Ⅱ级粉煤灰的要求较严。随着火电厂生产工艺水平的提高，电收尘技术的普遍应用，Ⅰ级粉煤灰产量大幅增加，大中型水电水利工程普遍使用Ⅰ级粉煤灰作为混凝土掺和料，因此适当放宽了Ⅱ级粉煤灰的细度指标。试验研究表明，细度在20%～25%的粉煤灰需水量比均在 100%以内，将Ⅱ级粉煤灰细度指标放宽，在不影响其他性能的前提下，可扩大粉煤灰的利用率。

与原标准相比，粉煤灰需水量比试验所用胶砂搅拌机和标准砂改用符合 GB/T 17671—1999 规定的行星式水泥胶砂搅拌机和 0.5mm～1.0mm 的中级砂。采用新的需水量比试验方法，不用改变原需水量比技术指标，且试验方法基本不变，与现行水泥强度试验标准更协调。

目前大多数电厂都采用电收尘收集粉煤灰，因此删去了原标准中对湿排法粉煤灰含水量的相关规定。

由于高钙粉煤灰中含有较高的 f_{CaO}，容易出现安定性不良问题，为保证工程质量，对高钙粉煤灰不仅要控制 f_{CaO} 含量，同时要求安定性合格。参考上海市标准《高钙粉煤灰混凝土应用技术规程》和有关研究结果，将高钙粉煤灰的 f_{CaO} 含量规定为不大于 4.0%，同时要求在水泥中掺 30%的粉煤灰后，其雷氏法安定性合格。

5.1.2 本条参照 GB/T 1596—2005 制定。我国新修订的 GB 6566—2000《建筑材料放射性核素限量》对粉煤灰及其制品的放射性作出了相关规定，所以，本标准增加了粉煤灰放射性技术要求。

5.1.3 本条参照 GB/T 1596—2005 制定。混凝土中碱含量过高可能会引起碱骨料反应，因此本标准增加了粉煤灰碱含量技术要求。粉煤灰中的有效碱含量很低，只占总碱量的 20%左右，高碱粉煤灰是否会引发混凝土碱骨料反应，还应通过试验论证。因此本标准对粉煤灰的碱含量不作具体规定。

5.1.4 本条参照 GB/T 1596—2005 制定。粉煤灰的均匀性对大型工程影响较大，美国和日本标准均有粉煤灰均匀性的要求，作为推荐性条款列出。ASTM C618 规定单一样品的细度（45μm 筛余）与前 10 个样品细度平均值（或所有样品细度平均值，当 $n<10$）的偏差不应

超过 5%；JISA6201 规定试验样品的细度（45μm 筛余）与基准值的偏差不应超过 5%，基准值由买卖双方共同商定。由于不同等级的粉煤灰细度差别较大，最大偏差难以统一，其最大偏差范围由买卖双方协商确定。

5.2.2 参照 GB/T 1596—2005 制定。

GB/T 1596—2005 规定粉煤灰需水量比和安定性试验用的对比样品应采用符合 GSB 14—1510 的标准水泥，考虑到水电水利工程多使用中热硅酸盐水泥或普通硅酸盐水泥，且使用标准水泥可能会出现供应和储存时间的问题，试验成本过高。为了更符合工程实际，本标准规定采用符合 GB 200 的中热硅酸盐水泥或符合 GB 175 的 42.5 硅酸盐水泥作为对比样品进行粉煤灰需水量比和安定性试验，并在检验报告中注明。一般来说，中热硅酸盐水泥的矿物组成和性能较硅酸盐水泥更稳定，故应优先采用中热硅酸盐水泥。

粉煤灰需水量比是粉煤灰的一项重要技术指标，为了解中热水泥与标准水泥对粉煤灰需水量比检验结果的差异，进行了对比试验，试验结果见表 1 及表 2。从试验结果来看，用中热水泥比用标准水泥检验，粉煤灰需水量比低 2%左右，两者差别不大。

各国标准也都对粉煤灰试验用水泥作了相应规定，要求使用硅酸盐水泥或普通硅酸盐水泥，强度等级不应太低。例如，欧洲标准 EN 450 "Fly ash for concrete" 规定试验水泥应选用符合 EN 197 的 CEM Ⅰ 型水泥，其熟料含量在 95%以上，类似于我国的硅酸盐水泥，且规定强度等级不小于 42.5MPa，比表面积不小于 $300m^2/kg$，C_3A 含量 6%～12%，碱含量 0.5%～1.2%。美国材料试验协会 ASTM C311 "Sampling and Testing Fly Ash or Natural Pozzolans for Use in Portland-Cement Concrete" 规定试验水泥应选用符合 ASTM C150 的硅酸盐水泥，且强度不小于 35MPa，碱含量 0.5%～0.8%，也可使用要求的其他品种水泥，使用其他品种水泥时应在检验报告中注明。日本 JISA6201 "Fly ash for use in concrete" 规定试验水泥应选用符合 JISR5210 的普通硅酸盐水泥，其强度大于等于 42.5MPa。

表 1 不同水泥对Ⅰ级粉煤灰需水量比的影响

序号	生产厂家	需水量比%		差值%
		标准水泥	中热水泥	
1	鸭河口	91	90	−1
2	阳逻	92	90	−2
3	黄桷庄	92	90	−2
4	豆坝	92	90	−2
5	江油Ⅰ	92	90	−2
6	珞璜 1 号	92	90	−2
7	珞璜 2 号	96	93	−3
8	襄樊	94	91	−3
平均值		93	91	−2

表 2　不同水泥对Ⅱ级粉煤灰需水量比的影响

序　　号	生产厂家	需水量比%		差值%
		标准水泥	中热水泥	
1	江油Ⅱ	94	93	－1
2	襄樊1号	93	92	－1
3	襄樊2号	102	98	－4
4	襄樊3号	98	95	－3
5	襄樊4号	101	97	－4
6	荆门	100	98	－2
平均值		98	96	－2

5.2.5　由于目前C类粉煤灰的使用经验较少，当C类粉煤灰掺量较高时，应重视其安定性对混凝土性能的影响。

6　水工混凝土掺用粉煤灰的技术要求

6.0.2　水工混凝土建筑物结构类型多，同一建筑物不同部位性能指标要求不同，掺粉煤灰的混凝土的强度设计龄期主要根据建筑物类型和具体承载时间确定。同时为了充分利用粉煤灰的后期性能，在保证设计要求条件下，宜尽可能采用较长设计龄期，以获得较好的技术经济效果。

6.0.3　本条根据水工结构物的类型及重要性，提出了各类混凝土采用的粉煤灰等级，以保证混凝土质量，合理利用粉煤灰。

6.0.4　本条规定了大中型水电水利工程永久建筑物混凝土中粉煤灰取代水泥的最大限量。粉煤灰取代水泥的最大限量是根据混凝土结构类型、水泥品种和水泥强度等级规定的，并借鉴了国内外各种类型大坝混凝土的设计和施工经验。表3～表8分别列出了国内外部分重力坝、拱坝和面板堆石坝面板混凝土所用的配合比参数。

我国水电水利工程使用的水泥有：硅酸盐水泥、普通硅酸盐水泥、中热硅酸盐水泥、低热硅酸盐水泥、低热矿渣硅酸盐水泥、矿渣硅酸盐水泥和粉煤灰硅酸盐水泥等。按照不同的水泥品种，表6.0.4分别列出了混凝土使用硅酸盐水泥、普通硅酸盐水泥和矿渣硅酸盐水泥时，粉煤灰取代水泥的最大限量。大中型水电水利工程一般优先考虑使用中热硅酸盐水泥，近年来，我国还开发研制了低热硅酸盐水泥（即高贝利特水泥）并制定了国家标准。该水泥C_2S含量大于40%，具有水化热低，早期强度低，后期强度增长率大，抗裂性好等特点，适用于早期强度要求相对较低的大体积水工混凝土，具有较好的应用前景，已用于三峡导流底孔封堵。中热硅酸盐水泥和低热硅酸盐水泥均是由适当成分的硅酸盐水泥熟料加入适量石膏制成的，与硅酸盐水泥相似。因此，表中注明当使用中热硅酸盐水泥和低热硅酸盐水泥时，粉煤灰的最大取代量可按取代硅酸盐水泥的最大限量选取。

表 3　国内部分重力坝大坝内部混凝土配合比参数

工程名称	混凝土类型	设计指标	级配	水胶比	粉煤灰掺量%	水泥用量 kg/m^3	粉煤灰用量 kg/m^3	用水量 kg/m^3	砂率%	水泥品种	建成时间	备注
坑口	碾压	$R_{90}10W4$	三	0.70	57.1	60	80	90	—	—	1986年	—
龙门滩	碾压	—	三	—	61.4	54	86	—	—	—	1989年	—
天生桥二级	碾压	$C_{90}15W2$	三	0.59	60	55	85	83	35	525普通	1989年	—
铜街子	碾压	$R_{90}15W4$	三	0.59	50	79	79	93	28	—	1990年	—
荣地	碾压	—	三	0.56	62.1	67	110	99	32	普通	1991年	—
广畜下库	碾压	—	三	0.56	63.5	62	108	95	37	525普通	1992年	—
水口	碾压	—	三	0.49	62.5	60	100	78	30	—	1992年	—
万安	碾压	—	三	0.58	61.8	65	105	99	30	—	1992年	—
锦江	碾压	—	三	0.59	53.3	70	80	88	30	—	1993年	—
岩滩	碾压	—	三	0.57	65.4	55	104	90	30	—	1993年	人工灰岩
大广坝	碾压	—	三	0.65	66.7	50	100	97	32	普通	1993年	—
水东	碾压	—	三	0.51	63	54	92	75	26	—	1994年	—
山仔	碾压	—	三	0.59	63.3	55	95	89	31	—	1994年	—
观音阁	碾压	—	四	0.52	30	91	39	75	30	525硅酸盐	1995年	—
溪柄溪	碾压	—	三	0.5	60	70	105	87	32	—	1996年	—
石板水	碾压	—	三	0.63	51.6	75	80	98	35	—	1997年	—
桃林口	碾压	—	三	0.47	54.8	70	85	75	28	—	1998年	—
长顺	碾压	—	三	0.65	40	72	48	78	31	—	—	—
江垭	碾压	$C_{90}15W8F50$	三	0.58	60	64	96	93	33	525中热	1999年	木钙
汾河二库	碾压	$R_{90}200$	三	0.50	45.0	103	85	94	35.5	—	1999年	人工灰岩

续表

工程名称	混凝土类型	设计指标	级配	水胶比	粉煤灰掺量%	水泥用量 kg/m³	粉煤灰用量 kg/m³	用水量 kg/m³	砂率%	水泥品种	建成时间	备注
石门子	碾压	R_{90}150	三	0.49	64.0	62	110	84	30	—	2000年	卵石、天然砂
碗窑	碾压	—	—	0.55	60.0	64	96	88	29.5	—	2000年	—
石漫滩	碾压	—	—	0.60	60.0	56	85	85	27	—	—	—
百龙滩	碾压	—	—	—	60.6	36	60	—	—	—	—	—
高坝洲	碾压	—	—	0.53	45.0	99	81	96	31	—	—	—
临江	碾压	—	一	0.6	50.0	72	72	86	28	—	—	—
棉花滩	碾压	C_{180}15W2F50	三	0.60	65	51	96	88	34.5	525中热	2001年	人工花岗岩
甘肃龙首	碾压	C_{90}15W6F100	三	0.48	65	60	111	82	30	525普通	2001年	天然骨料
山口	碾压	C_{90}10W6	三	0.60	56	57	85.5	28	28	42.5普通	2001年	—
	碾压	C_{90}10W4	三	0.50	65	71.5	71	71	27			—
	碾压	C_{90}15W1	三	0.55	50	85	85	93.5	29			—
三峡三期围堰	碾压	C_{90}15W8F50	三	0.50	55	75	91	83	34	525中热	2003年	花岗岩
索风营	碾压	C_{90}15W6F50	三	0.55	60	64	96	88	32	42.5普通	2004年	灰岩
百色	碾压	C_{180}15W2F50	三	0.60	63	59	101	96	34	42.5中热	建设中	—
大花水	碾压	C_{90}15W6F50	三	0.55	55	71	87	87	33	42.5普通	建设中	—
光照	碾压	C_{90}20W6F100	三	0.48	55	71	87	76	32	42.5普通	建设中	—
龙滩	碾压	C_{90}20W6F100	三	0.42	55	90	110	84	33	42.5中热	建设中	RⅠ▽250m以下
龙滩	碾压	C_{90}15W6F100	三	0.46	58	75	105	83	33			RⅡ▽250～▽342m
思林	碾压	C_{90}15W6F50	三	0.50	60	66	100	83	33	42.5普通	建设中	—

续表

工程名称	混凝土类型	设计指标	级配	水胶比	粉煤灰掺量%	水泥用量 kg/m³	粉煤灰用量 kg/m³	用水量 kg/m³	砂率%	水泥品种	建成时间	备注
三门峡	常态	—	四	0.80	0～41.6	137～86	0～57	110～114	—	纯大坝，矿渣	1960年	—
西津	常态	—	四	0.85～0.80	35.3	92～86	47～50	113	—	400普通	1964年	—
丹江口	常态	—	四	0.75	13.9～17.4	124～119	20～25	108	—	矿渣	1974年	—
池潭	常态	—	三	0.65	20.2	123	31	100	—	矿渣	1980年	—
大黑汀	常态	—	四	0.60	22.2	140	40	108	—	矿渣大坝	1980年	—
潘家口	常态	—	四	0.7～0.65	0～20.1	157～135	0～34	110	—	矿渣大坝	1985年	—
大化	常态	—	四	0.70	24.0～45.5	78～203	37～104	108～160	—	普通矿渣	1985年	—
漫湾	常态	—	四	0.65	35	106	57	106	26	—	1988年	—
龙羊峡	常态	—	四	0.53	30.0	112	48	85	—	大坝	1988年	—
安康	常态	—	四	0.55	46.5	83	72	85	—	525大坝	1989年	—
东西关	常态	—	四	0.61	39.9	89	59	90	15.5	425普通	1996年	—
渔洞	常态	—	四	0.55	60.2	78	118	108	28	525硅酸盐		—
大河口	常态	—	四	0.66	60.2	68	103	113	29	525硅酸盐	1998年	—
白石窑	常态	—	四	0.58	34.9	108	58	96	24	525硅酸盐		—
	碾压	—	三	0.6	61.0	67	105	89	31	525硅酸盐		—
故县	常态	—	四	0.445	20.0	176	44	98	—	425矿渣大坝	1992年	—
过渡湾	常态	—	四	0.50	50.0	84	84	84	24	325磷渣	1999年	—
三峡	常态	C_{90}15W8F100	二	0.55	40	128	85	117	36	525中热	建设中	—
			三	0.55	40	103	68	94	31	525中热		—
			四	0.55	40	96	64	88	28	525中热		—

表4　国内部分重力坝水位变化区外部混凝土配合比参数

工程名称	混凝土类型	设计指标	级配	水胶比	粉煤灰掺量%	水泥用量 kg/m³	粉煤灰用量 kg/m³	用水量 kg/m³	砂率%	水泥品种	建成时间	备注
江垭	碾压	C_{90}28W12F100	二	0.53	55	87	107	103	36	525中热	1999年	木钙
梅花滩	碾压	C_{180}20W8F50	二	0.55	55	82	100	100	38	525中热	2001年	—
新疆石门子	碾压	C_{90}20W8F100	二	0.50	55	86	104	95	31	42.5普通	2001年	天然骨料
山口	碾压	C_{90}20W6	二	0.50	50	95	95	95	30	42.5普通	2001年	—
三峡三期围堰	碾压	C_{90}15W8F50	二	0.50	55	84	102	93	39	525中热	2003年	花岗岩
索风营	碾压	C_{90}20W8F100	二	0.50	50	94	94	94	38	42.5普通	建设中	灰岩
百色	碾压	C_{180}20W10F50	二	0.50	58	91	125	108	38	42.5中热	建设中	—
大花水	碾压	C_{90}20W8F100	二	0.50	50	98	98	98	38	42.5普通	建设中	—
光照	碾压	C_{90}20W12F100	二	0.45	45	105	86	86	38	42.5普通	建设中	—
龙滩	碾压	C_{90}20W12F150	二	0.42	58	100	140	100	39	42.5中热	建设中	—
思林	碾压	C_{90}20W8F100	二	0.48	55	89	109	95	39	42.5普通	建设中	—
三峡	常态	C_{90}25W10F250	二	0.48	30	174	74	119	35	525中热	建设中	—
			三	0.48	30	140	60	96	30	525中热		—
			四	0.48	30	128	55	88	27	525中热		—

表 5 国内部分拱坝混凝土配合比参数

工程名称	混凝土类型	设计指标	级配	水胶比	粉煤灰掺量%	水泥用量 kg/m³	粉煤灰用量 kg/m³	用水量 kg/m³	砂率%	水泥品种	建成时间
紧水滩	常态	—	四	0.55	20	148	37	102	19	—	1988 年
东江	常态	—	四	0.50	14.8	155	27	91		大坝	1993 年
普定	碾压	$C_{90}20$	二	0.50	55	85	103	94	38	525 硅酸盐	1993 年
		$C_{90}15$	三	0.55	65	54	99	84	34		
温泉堡	碾压	—		0.55	48.7	100	95	107	37.7	—	1994 年
东风	常态	—	四	0.50	29.9	115	49	82		525 硅酸盐	1995 年
二滩	常态	$C_{180}35$(20cm 立方体)	四	0.45	30	133	57	85	25	525 硅酸盐	1999 年
新疆石门子	碾压	$C_{90}15W6F100$	三	0.55	65	56	104	88	31	42.5 普通	2001 年
沙牌	碾压	$C_{90}20$	二	0.53	40	115	77	102	37	32.5 普通	2002 年
		$C_{90}20$	三	0.50	50	93	93	93	33		
龙首	碾压	$C_{90}20W8F300$	二	0.43	53	96	109	88	32	42.5 普通	2002 年
		$C_{90}20W6F100$	三	0.43	66	58	113	82	30		
蔺河口	碾压	$C_{90}20W8F50$	二	0.47	60	74	111	87	38	42.5 中热	2004 年
		$C_{90}20W6F50$	三	0.47	62	66	106	81	34		
玄庙观	碾压	$C_{90}20$	二	0.50	50	108	108	108	40	32.5 普通	2005 年
		$C_{90}20$	三	0.50	50	95	95	95	35		
		$C_{90}15$	三	0.55	55	79	96	96	36		
构皮滩	常态	$C_{180}25$	四	0.50	30	119	51	85	25	42.5 中热	建设中
麟麟观	碾压	$C_{90}20W8F50$	二	0.48	50	92.7	92.7	89	38	42.5 普通	建设中
		$C_{90}20W6F50$	三	0.50	55	76.5	93.5	85	35		

续表

工程名称	混凝土类型	设计指标	级配	水胶比	粉煤灰掺量%	水泥用量 kg/m³	粉煤灰用量 kg/m³	用水量 kg/m³	砂率%	水泥品种	建成时间
白莲崖	碾压	C_{90}20W8	二	0.36	60	78	117	70	33	42.5 普通	建设中
		C_{90}20W4	三	0.34	60	75	112	63	32	32.5 普通	
大花水	碾压	C_{90}20W8F100	二	0.50	50	92	92	92	37	42.5 普通	建设中
		C_{90}20W6F50	三	0.50	50	79	79	79	33		

表 6　国内部分面板堆石坝面板混凝土配合比参数

工程名称	设计要求	水胶比	粉煤灰掺量%	水泥用量 kg/m³	粉煤灰用量 kg/m³	用水量 kg/m³	砂率%	水泥品种	建成时间	备注
成屏	C20	0.55	10	294	34	180	27	425 普通	1989 年	—
株树桥	C20	0.50	—	316	—	158	39	425 普通	1990 年	—
西北口	C20	0.44	—	300	—	132	41	425 矿渣	1990 年	—
小干沟	C25	0.40	—	375	—	150	32	525 普通	1992 年	—
花山	C20	0.45	—	322	—	145	40	525 普通	1993 年	—
万安溪	C25	0.39	18.6	324	74	141	39	525 普通	1995 年	人工砂
		0.40	22.6	340	99	152	40	525 普通		天然砂
东津	C25	0.48	—	308	—	148	32	525 普通	1995 年	—
十三陵	C25W8F300	0.44	—	320	—	141	38	525 普通	1997 年	—
小山	C30W8F200	0.39	—	355	—	138	38	525 中热	1997 年	—
梅溪	C20W8	0.50	—	301	—	175	33	425 普通	1997 年	49kg/m³抗裂剂
海潮坝	C30W8F250	0.40	—	360	—	144	33	525 普通	1997 年	—
珊溪	C25W12F100	0.34	15	287	51	124	35	42.5 普通	2001 年	29kg/m³抗裂剂
天生桥一级	C25W12F100	0.50	15	217	45	148	40	42.5 普通	2000 年	36kg/m³抗裂剂
		0.48	20	240	60	144	41	42.5 普通		—

续表

工程名称	设计要求	水胶比	粉煤灰掺量%	水泥用量 kg/m³	粉煤灰用量 kg/m³	用水量 kg/m³	砂率%	水泥品种	建成时间	备注
高塘	C25W8F100	0.44	20	283	71	155	37	42.5 普通	2000 年	—
		0.44	15	274	48	153	37	42.5 普通		36kg/m³抗裂剂
茄子山	C25W12F100	0.48	—	323	—	155	34	42.5 普通	2000 年	—
黑泉	C30W8F300	0.35	15	298	53	123	37	42.5 中热	2000 年	—
大桥	C20W8F100	0.50	15	255	50	150	41	42.5 普通	2000 年	—
黄村	C25W8F100	0.40	—	286	—	130	35	42.5 普通	2001 年	39kg/m³抗裂剂
大水沟	C25W8F50	0.45	—	333	—	150	37	42.5 普通	2001 年	—
港口湾	C25W10F100	0.36	18.7	266	61	125	35.6	42.5 普通	2002 年	—
夏城	C25W8	0.55	—	295	—	180	40	42.5 普通	2002 年	33kg/m³抗裂剂
古洞口	$C_{60}30$	0.46	10	243	27	124	39	42.5 普通	2004 年	—
		0.36	10	310	34	124	37	32.5 普通		—
汉坪咀	C25W10F100	0.44	15	259	46	134	36	42.5R 普通	2005 年	—
公伯峡	C25W12F200	0.40	20	220	55	110	34	42.5 中热	2006 年	坍落度为 3cm～7cm
洪家渡	C30	0.40	25	231	77	123	36	42.5 普通	2006 年	—
三板溪	C30W12F100	0.39	20	254	64	124	36	42.5 中热	2006 年	—
吉林台	C30W12F300	0.35	15	310	55	128	35	42.5 普通	2006 年	—
紫坪铺	C25W12F250	0.50	20	272	68	170	39	42.5R 普通	2006 年	—
水布垭	C30W12F150	0.38	20	246	62	117	39	42.5 中热	建设中	0.9kg/m³ 聚丙烯腈纤维
广蓄	C25	0.50	6	300	18	150	31	42.5 普通	—	—

表 7　国外部分重力坝混凝土配合比参数

工程名称	国家	混凝土类型	级配	水胶比	粉煤灰掺量%	水泥用量 kg/m³	粉煤灰用量 kg/m³	用水量 kg/m³	砂率%	水泥品种	建成时间	备注
约翰代	美国	常态	四	0.68	27.3	88	30	80	24	中热	1968 年	灰质页岩
				0.43	21	167	44	91	19			
德沃歇客	美国	常态	四	0.57	25.3	127	43	96	21.5	中热	1973 年	—
利贝	美国	常态	四	0.68	25.4	88	30	80	22	中热	1973 年	—
御部	日本	常态	四	0.668	50	80	80	107	26	—	1989 年	—
玉川	日本	常态	四	0.660	—	—	48	106	25	—	1990 年	—
		碾压	四	0.73	30	91	39	95	30			—
畈田	日本	常态	四	0.69	21～43	110～80	30～60	96	23	—	1992 年	—
道平川	日本	常态	四	0.65	20	128	32	104	25	—	1992 年	—
		碾压	三	0.79	20	96	24	95	30			—
真野	日本	常态	四	0.858	20	128	32	103	26	中热	1992 年	—
		碾压	三	0.858	20	96	24	103	33	中热	1987 年	—
三春	日本	常态	四	0.80	28	98	42	112	23	中热	1994 年	—
栗山	日本	常态	四	0.814	20	112	23	114	28	中热	1995 年	—
比奈知	日本	常态	四	0.877	30	91	39	114	26	中热	—	—
田沁川	日本	常态	四	0.76	20	120	30	114	27	中热	—	—
日向	日本	常态	三	0.738	20	128	32	118	34	中热	—	—
		碾压	三	0.842	20	96	24	101	33	—		—
中筋川	日本	常态	四	0.737	30	105	45	110	29	中热	—	—
长谷	日本	常态	四	0.663	30	112	48	106	25.5	中热	—	—
田沁川	日本	常态	四	0.76	20	120	30	114	27	中热	—	—

续表

工程名称	国家	混凝土类型	级配	水胶比	粉煤灰掺量%	水泥用量 kg/m³	粉煤灰用量 kg/m³	用水量 kg/m³	砂率%	水泥品种	建成时间	备注
日向	日本	常态	三	0.738	20	128	32	118	34	中热	—	—
		碾压	三	0.842	20	96	24	101	33	—	—	—
中筋川	日本	常态	四	0.737	30	105	45	110	29	中热	—	—
长谷	日本	常态	四	0.663	30	112	48	106	25.5	中热	—	—
德米斯特克拉尔	南非	碾压	—	0.90	50	58	58	104.4	—	—	1986年	—
文格勒斯瓦德	南非	碾压	—	0.90	60	44	66	99	—	—	1990年	—
格林买尔维勒	南非	碾压	—	0.84	50	65	65	109.2	—	—	1991年	—
唐戈	南非	碾压	一	0.96	50	65	65	105.6	—	—	1993年	—
柳溪坝	美国	碾压	三	1.62	28.8	47	19	107	—	—	1992年	—
上静水坝	美国	碾压	三	0.37	85.4	29.5	172.7	93.5	34	—	1987年	—
新维多利亚	澳大利亚	碾压	二	0.43	66.7	80	160	105	34	普通	1991年	—
美利河	日本	碾压	三	0.75	30	84	36	90	30	—	1991年	—
境川	日本	碾压	三	0.769	30	91	39	100	32	中热	1993年	—
意门	日本	碾压	四	0.692	30	91	39	90	28	中热	1995年	—
岛地川	日本	碾压	三	0.79	30	84	36	95		普通	—	—
宫床	日本	碾压	三	0.858	20	96	24	103	30	中热	—	—
大松川	日本	碾压	三	0.808	30	91	39	105	30	中热	—	—
潼里	日本	碾压	三	0.717	30	84	36	86	30	中热	—	—
早池锋	日本	碾压	三	0.785	30	91	39	102	34	—	—	—
八田原	日本	碾压	四	—	27.7	94	36	—	30	中热	—	—

表 8　国外部分拱坝混凝土配合比参数

工程名称	国家	混凝土类型	级配	水胶比	粉煤灰掺量%	水泥用量 kg/m³	粉煤灰用量 kg/m³	用水量 kg/m³	砂率%	水泥品种	建成时间	备注
饿马	美国	常态	四	0.47	32.3	111	53	77	23	中热	1952 年	重力拱坝
佛莱敏峡	美国	常态	四	0.53	33.5	111	56	88	20	中热	1962 年	重力拱坝，灰质页岩
格兰峡	美国	常态	四	0.54	33.5	111	56	91	22	中热	1963 年	重力拱坝，浮石
黄尾	美国	常态	四	0.49	30	117	50	82	24	中热	1965 年	重力拱坝
Olmsted	美国	常态	三	0.501	33.2	112.2	55.8	84.1	29.7	HH	—	—
Cannon	美国	常态	四	0.625	20.9	104.3	27.5	82.4	21.8	普通	—	—
科尔布赖恩	奥地利	常态	四	0.66	30	140	60	132	—	普通	1977 年	—
			四	0.53	30	182	78	138	—	普通		—
哥斯喀亚	土耳其	常态	四	0.48	25	157.5	52.5	101	26	普通	1973 年	—
拉索列塔特	墨西哥	常态	四	0.45	13.6	216	34	113	—	普通	—	—
蛇尾川	日本	常态	四	0.711	30	98	42	108	24.6	中热	—	—
		碾压	四	0.792	30	84	36	95	29.5			—
奥只见	日本	常态	四	0.70	30	98	42	99	—	中热	—	—
月山	日本	常态	四	0.51	30	126	54	92	22	中热	—	—
		碾压	四	0.692	30	91	39	90	28			—
长谷	日本	常态	四	0.671	65	49	91	94	24	中热	—	—
奈尔波尔特	南非	碾压	—	0.53	70	58.5	136.5	103.4	—	—	1988 年	重力拱坝
乌勒维丹斯	南非	碾压	—	0.43	70	58.2	135.8	83.4	—	—	1990 年	重力拱坝

为比较使用中、低热硅酸盐水泥混凝土性能差异，进行了对比试验，试验结果列于表 9～表 11。试验结果表明，低热硅酸盐水泥混凝土与中热硅酸盐水泥混凝土相比，早期强度较低，但后期强度发展较快，28d 龄期以后，与中热硅酸盐水泥混凝土的强度相当或更高，低热硅酸盐水泥混凝土的极限拉伸值高于中热硅酸盐水泥混凝土，抗冻性基本相当。由于低热硅酸盐水泥是新品种水泥，工程实践较少，使用时应注意积累经验。低热矿渣硅酸盐水泥（原矿渣大坝水泥）在丹江口、葛洲坝、隔河岩、高坝洲、三峡一期等许多大中型水电工程中使用，取得了较好的技术经济效益。低热矿渣硅酸盐水泥、火山灰质硅酸盐水泥和粉煤灰硅酸盐水泥与矿渣硅酸盐水泥（P·S·A）一样都掺有较多的混合材，因此，表中注明当使用低热矿渣硅酸盐水泥、火山灰质硅酸盐水泥和粉煤灰硅酸盐水泥时，粉煤灰的最大取代量可按取代矿渣硅酸盐水泥（P·S·A）的最大限量选取。

原标准未明确区分内部和外部碾压混凝土，规定碾压混凝土中Ⅱ级粉煤灰取代 525 硅酸盐水泥的最大限量为 70%，Ⅲ级粉煤灰为 60%。从近年来的工程使用经验来看，大中型碾压混凝土坝大多使用Ⅰ、Ⅱ级粉煤灰，且多采用富浆二级配碾压混凝土作为坝体外部防渗体，本条在原标准的基础上区分了内部和外部碾压混凝土粉煤灰的最大掺量限制要求。

原标准将重力坝和重力拱坝常态混凝土作了同样规定，规定内部混凝土粉煤灰取代 525 硅酸盐水泥和 525 普通水泥的最大限量分别为 55%和 45%，外部分别为 35%和 30%。根据近年的工程经验和研究成果，本条在原标准的基础上对重力坝混凝土粉煤灰取代水泥的最大限量作了适当调整，且将重力拱坝归入拱坝一栏。

原标准规定拱坝混凝土粉煤灰取代 525 硅酸盐水泥和 525 普通水泥的最大限量分别为 30%和 25%。近年来，由于筑坝技术的提高和Ⅰ级粉煤灰的普遍使用，拱坝混凝土的粉煤灰掺量有增加的趋势，本条规定的粉煤灰最大限量是合适的。

原标准规定钢筋混凝土粉煤灰取代 525 硅酸盐水泥和 525 普通水泥的最大限量分别为 35%和 30%，根据现行的有关标准，本条将钢筋混凝土改称为结构混凝土。

原标准规定抗冲磨混凝土粉煤灰取代 525 硅酸盐水泥和 525 普通水泥的最大限量分别为 20%和 15%。近年来，由于Ⅰ级粉煤灰和优质外加剂的普遍使用，本条适当放宽了粉煤灰的最大限量，与 DL/T 5207—2005《水工建筑物抗冲磨防空蚀混凝土技术规范》中的有关规定相协调。

本条增加了预应力混凝土粉煤灰取代水泥的最大限量规定。取消了高强混凝土、抗冻融混凝土、泵送混凝土和压浆混凝土的相关内容。

本条指出Ⅲ级粉煤灰的最大掺量应适当降低，降低幅度应通过试验论证确定。

对粉煤灰的具体掺量，各个工程应根据设计要求及所用的原材料进行混凝土配合比及性能试验，经过优化选定。

6.0.5 由于 C 类粉煤灰的使用经验较少，在应用中应慎重，并注意积累经验。

6.0.7 本条规定掺粉煤灰混凝土的配合比设计应符合 DL/T 5330 的规定。新制定的 DL/T 5330《水工混凝土配合比设计规程》针对目前水工混凝土普遍掺用粉煤灰的特点，对掺粉煤灰的混凝土配合比设计方法作了相关规定。

6.0.8 粉煤灰与水泥、外加剂的适应性对水电水利工程混凝土的性能有重要影响，工程中也曾经发生过粉煤灰与水泥、外加剂等不相适应的情况，必要时应进行适应性试验。

6.0.10 掺粉煤灰的混凝土浇筑时不应漏振或过振，尤其应注意不能过振，粉煤灰密度较小，过振将使粉煤灰浆体上浮，在混凝土表面出现明显浮浆层，影响表层混凝土的质量。

表 9　中、低热硅酸盐水泥混凝土力学性能对比试验结果

编号	水泥品种	水胶比	粉煤灰掺量%	抗压强度 MPa				劈拉强度 MPa				轴拉强度 MPa			抗压弹模 GPa			极限拉伸值×10^{-6}		
				7d	28d	90d	180d	7d	28d	90d	180d	7d	28d	90d	7d	28d	90d	7d	28d	90d
S4	三峡 42.5 中热	0.55	40	9.9	18.6	26.5	33.6	0.78	1.32	1.69	1.98	0.87	1.59	2.05	17.7	24.0	26.1	57	74	82
S5	坝道 42.5 低热	0.55	40	6.3	14.6	25.7	29.9	0.57	1.02	1.72	2.55	0.92	1.69	2.53	16.2	23.6	25.2	65	83	92
S7	三峡 42.5 中热	0.50	0	21.7	32.6	37.4	43.5	1.49	2.18	2.95	3.25	1.91	2.46	3.10	19.5	30.3	33.7	84	93	102
S8	坝道 42.5 低热	0.50	0	16.9	35.1	46.9	51.2	1.40	2.80	3.33	3.62	2.28	2.97	3.92	18.8	28.4	32.2	90	108	115
S9	三峡 42.5 中热	0.50	20	16.7	28.3	35.6	39.8	1.25	2.02	2.49	3.00	1.60	2.13	2.95	20.2	28.5	29.7	82	88	96
S10	坝道 42.5 低热	0.50	20	11.5	30.2	43.8	48.5	1.04	2.12	2.80	3.20	1.47	2.54	3.40	18.5	27.8	32.9	75	97	108
S11	三峡 42.5 中热	0.50	30	14.8	25.3	33.6	38.7	1.10	1.79	2.35	2.50	1.30	2.07	2.73	19.2	28.9	30.6	70	84	91
S12	坝道 42.5 低热	0.50	30	9.6	26.7	39.5	45.7	0.75	2.07	2.47	2.89	1.14	2.50	3.26	18.9	26.6	30.1	71	95	103
S14	三峡 42.5 中热	0.45	0	25.6	37.8	44.3	—	1.84	2.58	3.05	—	2.22	3.14	3.46	25.5	32.8	36.2	89	96.5	106
S15	坝道 42.5 低热	0.45	0	20.9	40.4	50.1	—	1.69	2.99	4.07	—	2.40	3.36	4.20	24.1	30.7	35.6	102	117	120
S16	三峡 42.5 中热	0.45	20	21.4	33.5	41.5	—	1.71	2.25	2.73	—	1.73	2.32	3.26	23.9	31.9	34.7	85	90	101
S17	坝道 42.5 低热	0.45	20	17.8	35.1	48.2	—	1.44	2.71	3.15	—	1.73	2.73	3.66	24.1	32.2	33.3	90	110	116

表 10　中、低热硅酸盐水泥混凝土抗冻性对比试验结果(90d)

编号	水泥品种	水胶比	粉煤灰掺量%	含气量%	各循环次数质量损失%						各循环次数相对动弹性模量%						抗冻等级
					0	50	100	150	200	250	0	50	100	150	200	250	
S4	三峡 42.5 中热	0.55	40	5.3	0	1.0	1.1	1.6	1.6	1.7	100	93.6	92.6	91.9	90.9	90.1	>F250
S5	坝道 42.5 低热	0.55	40	6.0	0	0.2	0.9	1.1	1.3	1.4	100	91.9	91.4	91.0	90.4	89.2	>F250
S10	三峡 42.5 中热	0.50	20	4.7	0	0.1	0.5	0.9	1.0	1.6	100	95.6	95.2	94.8	94.8	94.7	>F250
S11	坝道 42.5 低热	0.50	30	5.2	0	0.1	0.2	1.4	1.5	1.5	100	94.1	92.6	92.6	90.4	88.9	>F250
S12	三峡 42.5 中热	0.50	30	5.6	0	0.1	0.3	0.7	0.8	0.8	100	95.1	93.6	92.6	91.8	90.8	>F250
S17	坝道 42.5 低热	0.45	20	5.3	0	0.1	0.2	0.3	0.5	0.5	100	98.4	98.2	97.7	97.7	97.0	>F250

表 11　中、低热硅酸盐水泥混凝土绝热温升对比试验结果

编号	水泥品种	水胶比	粉煤灰掺量%	初始温度 ℃	各龄期绝热温升℃															
					1d	2d	3d	4d	5d	6d	7d	8d	9d	10d	11d	12d	13d	14d	21d	28d
1	三峡 42.5 中热	0.50	0	16.0	10.9	19.0	23.0	25.3	24.7	27.6	28.3	28.7	29.0	29.2	29.3	29.4	29.5	29.6	30.0	30.1
2	坝道 42.5 低热	0.50	0	16.0	1.7	7.2	14.0	16.6	18.4	19.65	20.65	21.3	21.9	22.3	22.65	22.9	23.05	23.2	23.8	24.0
3	三峡 42.5 中热	0.50	30	9.4	2.9	9.4	13.3	15.3	16.7	17.9	18.7	19.4	20.0	20.2	20.5	20.7	20.9	21.0	21.4	21.6
4	坝道 42.5 低热	0.50	30	9.4	3.3	9.6	12.6	14.2	15.3	16.2	17.0	17.8	18.4	18.9	19.2	19.3	19.4	19.6	20.0	20.1
5	三峡 42.5 中热	0.55	40	21.8	3.2	11.8	14.6	16.1	17.2	17.9	18.4	18.8	19.0	19.2	19.4	19.5	19.6	19.7	20.0	20.1
6	坝道 42.5 低热	0.55	40	22.1	3.4	9.1	10.7	11.7	12.5	13.1	13.6	14.0	14.4	14.7	15.0	15.2	15.5	15.7	16.6	16.8
7	坝道 42.5 低热	0.50	35	23.0	4.0	10.5	12.5	13.4	14.7	15.4	16.0	16.5	16.9	17.3	17.6	17.8	18.1	18.3	19.2	19.4

6.0.11 掺粉煤灰的混凝土早期强度较低，应特别注意养护。

6.0.12 掺粉煤灰混凝土的强度增长较慢，早期强度低，尤其在低温环境时更不突出。因此，应加强混凝土表面保温，适当延长拆模时间，以保证混凝土的正常凝结硬化。

7 掺粉煤灰混凝土的质量控制和检查

7.0.1～7.0.2 DL/T 5144《水工混凝土施工规范》和 DL/T 5112《水工碾压混凝土施工规范》对混凝土的质量控制和检查作了详细明确的规定，掺粉煤灰混凝土的质量控制和检查照此执行。

粉煤灰中砷、镉、铬、铜、镍、铅和锌的分析方法（原子吸收分光光度法）DL/T 867—2004

1 范围

本标准规定了燃煤电厂所产生粉煤灰的样品的溶解方法，及对砷、镉、铬、铜、镍、铅和锌进行分析的原子吸收分光光度法。

本标准适用于燃煤电厂所产生粉煤灰的样品的溶解和用原子吸收分光光度法对砷、镉、铬、铜、镍、铅、锌元素进行分析。

2 规范性引用文件

下列文件中的条款通过本标准的引用而成为本标准的条款。凡是注日期的引用文件，其随后所有的修改单（不包括勘误的内容）或修订版均不适用于本标准，然而，鼓励根据本标准达成协议的各方研究是否可使用这些文件的最新版本。凡是不注日期的引用文件，其最新版本适用于本标准。

GB/T 17137 土壤质量 总铬的测定 火焰原子吸收分光光度法

GB/T 17138 土壤质量 铜、锌的测定 火焰原子吸收分光光度法

GB/T 17139 土壤质量 镍的测定 火焰原子吸收分光光度法

GB/T 17140 土壤质量 铅、镉的测定 KI-MIBK 萃取火焰原子吸收分光光度法

GB/T 17141 土壤质量 铅、镉的测定 石墨炉原子吸收分光光度法

3 原理

粉煤灰试样在高压或常压下用盐酸、硝酸、高氯酸和氢氟酸溶解制成待测溶液后，铬、铜、镍、铅、锌用火焰原子吸收分光光度法测定。样品直接吸入火焰，在火焰中形成的原子蒸气对特征辐射产生吸收，在一定的浓度范围内，其吸光度与样品中元素的质量浓度成正比。

砷、镉元素用石墨炉原子吸收分光光度法测定。样品在石墨管中形成的原子蒸气对特征辐射产生吸收，在一定的浓度范围内，其吸光度与样品中元素的质量浓度成正比。

4 试剂

除有特殊说明外，分析时使用的试剂均为分析纯试剂，分析用水为去离子水。

4.1 盐酸

质量分数为 36％～38％，优级纯。

4.2 硝酸

质量分数为 65％～68％，优级纯。

4.3 高氯酸

质量分数为 70％～72％，优级纯。

4.4 氢氟酸

质量分数为40%，优级纯。

4.5 硫酸

质量分数为96%～98%，优级纯。

4.6 硝酸溶液（体积分数为50%）

用等体积的硝酸（4.2）和等体积的水混合。

4.7 氢氧化钠溶液（0.1mol/L）

称4g氢氧化钠溶于1000mL水中。

4.8 铜标准贮备液（1mg/mL）

称取1.0000g铜［（Cu）光谱纯］置于100mL烧杯中，加入20mL硝酸溶液（4.6），加热溶解并蒸至近干，加入2mL硫酸（4.5）加热至冒白烟，取下冷却后用去离子水溶解，移入1000mL容量瓶中，稀释至刻度，摇匀。

4.9 锌标准贮备液（1mg/mL）

称取1.0000g锌［（Zn）光谱纯］置于100mL烧杯中，加入20mL硝酸溶液（4.6），溶解后移入1000mL容量瓶中，稀释至刻度，摇匀。

4.10 铅标准贮备液（1mg/mL）

称取1.0000g铅［（Pb）光谱纯］置于100mL烧杯中，加入20mL硝酸溶液（4.6），溶解后移入1000mL容量瓶中，稀释至刻度，摇匀。

4.11 镍标准贮备液（1mg/mL）

称取1.0000g镍［（Ni）光谱纯］置于100mL烧杯中，加入10mL硝酸（4.2）和50mL去离子水，溶解后移入1000mL容量瓶中，稀释至刻度，摇匀。

4.12 铬标准贮备液（1mg/mL）

称取105℃干燥2h优级纯重铬酸钾（$K_2Cr_2O_7$）2.8288g，置于100mL烧杯中，加入20mL硝酸溶液（4.6），加热溶解后冷却至室温，移入1000mL容量瓶中，稀释至刻度，摇匀。

4.13 砷标准贮备液（1mg/mL）

称取105℃干燥2h优级纯三氧化二砷（As_2O_3）1.3203g置于100mL烧杯中，加入20mL氢氧化钠溶液（4.7）和50mL去离子水，溶解后再加入0.2mL盐酸（4.1），移入1000mL容量瓶中，稀释至刻度，摇匀。

4.14 镉标准贮备液（1mg/mL）

称取1.0000g镉［（Cd）光谱纯］置于100mL烧杯中，加入20mL硝酸溶液（4.6），溶解后移入1000mL容量瓶中，稀释至刻度，摇匀。

4.15 铜、铅、锌混合标准中间液（铜、铅、锌质量浓度各为0.05mg/mL）

用无分度移液管取铜、锌、铅的标准贮备液（4.8，4.9，4.10）各5.00mL置于100mL容量瓶中，用去离子水稀释至刻度，摇匀。使用前现配。

4.16 铜、铅、锌混合标准使用液（铜、铅、锌质量浓度各为5μg/mL）

用无分度移液管取铜、铅、锌混合标准中间液（4.15）10.00mL置于100mL容量瓶中，用去离子水稀释至刻度，摇匀。使用前现配。

4.17 镍标准中间液（镍质量浓度为0.05mg/mL）

用无分度移液管取镍标准贮备液（4.11）5.00mL置于100mL容量瓶中，用去离子水稀释至刻度，摇匀。使用前现配。

4.18 镍标准使用液（镍质量浓度为5μg/mL）

用无分度移液管取镍标准中间液（4.17）10.00mL置于100mL容量瓶中，用去离子水稀释至刻度，摇匀。使用前现配。

4.19 铬标准中间液（铬质量浓度为0.05mg/mL）

用无分度移液管取铬标准贮备液（4.12）5.00mL置于100mL容量瓶中，用去离子水稀释至刻度，摇匀。使用前现配。

4.20 铬标准使用液（铬质量浓度为5μg/mL）

用无分度移液管取铬标准中间液（4.19）10.00mL置于100mL容量瓶中，用去离子水稀释至刻度，摇匀。使用前现配。

4.21 砷标准中间液（质量浓度为0.01mg/mL）

用无分度移液管取砷标准贮备液（4.13）1.00mL置于100mL容量瓶中，用去离子水稀释至刻度，摇匀。

4.22 砷标准使用液（质量浓度为0.1μg/mL）

用无分度移液管取砷标准中间液（4.21）1.00mL置于100mL容量瓶中，用去离子水稀释至刻度，摇匀。

4.23 镉标准中间液（质量浓度为0.5μg/mL）

用无分度移液管取镉标准贮备液（4.14）10.00mL置于1000mL容量瓶中，用去离子水稀释至刻度，摇匀。再取5.00mL此溶液置于100mL容量瓶中，用去离子水稀释至刻度，摇匀。使用前现配。

4.24 镉标准使用液（质量浓度为0.05μg/mL）

用无分度移液管取镉标准中间液（4.23）10.00mL置于100mL容量瓶中，用去离子水稀释至刻度，摇匀。

4.25 硝酸镍溶液（镍质量浓度为10mg/mL）

称取49.45g的$Ni(NO_3)_2 \cdot 6H_2O$置于100mL烧杯中，加入20mL硝酸溶液（4，6），溶解后移入100mL容量瓶中，用去离子水稀释至刻度，摇匀。

5 仪器

一般实验室仪器和火焰、石墨炉原子吸收分光光度计。

6 样品的制备

6.1 分析试样的准备

将粉煤灰样品用玛瑙乳钵研细到全部通过120目筛。置于器皿中，用电热恒温干燥箱于110℃烘干2h，存放于干燥器中。

6.2 试样的溶解

6.2.1 常压溶样法

称取0.2500g粉煤灰试样，置于40mL聚四氟乙烯烧杯中。加入1mL盐酸（4.1）和3mL硝酸（4.2），反应片刻后，再加入1mL高氯酸（4.3）和10mL氢氟酸（4.4）。在120℃～150℃的电热板上加热，蒸至微干（不冒白烟）。上述加试剂的操作过程重复一次，蒸至微干（不冒白烟）。加1mL高氯酸（4.3）蒸至微干并重复一次。加入1mL硝酸（4.2）及少量去离子水，加热溶解残渣。若有未溶物，待冷却后一并转移到100mL容量瓶中，用去离子水稀释至刻度，摇匀，以备分析。同时做空白试验。

6.2.2 高压溶样法

称取0.2500g粉煤灰试样，置于聚四氟乙稀高压釜中。于通风橱中慢慢加入1mL盐酸（4.1）和3mL硝酸（4.2），反应片刻后，加入1mL高氯酸（4.3）和10mL氢氟酸（4.4）。拧紧盖子放置过夜，第2天放入恒温干燥箱中，逐渐升温到180℃，恒温8h。取出冷却后打开盖子，转移到聚四氟乙烯烧杯中，在120℃～150℃的电热板上加热，蒸至微干（不冒白烟），加入1mL高氯酸（4.3）蒸至微干，并重复一次。加入1mL硝酸（4.2）及少量的去离子水，加热溶解残渣。若有未溶物，冷却后一并转移至100mL容量瓶中，用去离子水稀释至刻度，摇匀，以备分析。同时做空白试验。

7 分析步骤

7.1 铜、锌、铅、镍、铬的测定

铜、锌、铅、镍、铬的分析步骤可按GB/T 17137、GB/T 17138、GB/T 17139、GB/T 17140规定执行。

7.1.1 仪器工作条件铜、锌、铅、镍、铬元素均采用火焰原子吸收分光光度法测定。仪器工作条件参见表1。

表1 仪器的工作条件

分析元素	灯电流 mA	波长 nm	狭缝 nm	氧化性气体	氧化性气体压力 kPa	燃气	燃气压力 kPa	燃烧器高度 mm
Cu	7.5	324.8	1.3			乙炔	29.4	7.5
Zn	10.0	213.0	1.3			乙炔	19.6	7.5
Pb	7.5	283.3	1.3	空气	156.8	乙炔	29.4	7.5
Ni	10.0	232.0	0.2			乙炔	24.5	10.0
Cr	7.5	359.3	1.3			乙炔	39.2	7.5

7.1.2 样品的测定

按使用仪器的最佳条件调整好仪器，分别测定空白溶液和样品溶液（6.2.1或6.2.2）的吸光度。将样品溶液的吸光度扣除空白溶液的吸光度后，从标准曲线上查出或从仪器上直接读出所测元素浓度。

7.1.3 铜、铅、锌标准曲线的绘制

用无分度移液管取铜、铅、锌混合标准使用液（4.16）0.00，1.00，2.00，5.00，10.00mL，分别放入50mL容量瓶中。加入少量去离子水后，加0.5mL硝酸（4.2），用去离子水稀释至刻度，摇匀。按仪器的最佳条件测其吸光度。用各点的吸光度与对应测定元素浓度作图，绘制出标准曲线。

7.1.4 镍标准曲线的绘制

用无分度移液管取镍标准使用液（4.18）0.00，1.00，2.00，5.00，10.00mL，分别放

入 50mL 容量瓶中。加入少量去离子水后，加 0.5mL 硝酸（4.2），用去离子水稀释至刻度，摇匀。按仪器的最佳条件测其吸光度。用各点的吸光度与对应浓度作图，绘制出标准曲线。

7.1.5 铬标准曲线的绘制

用无分度移液管取铬标准使用液（4.20）0.00，1.00，2.00，5.00，10.00mL，分别放入 50mL 容量瓶中。加入少量去离子水后，加 0.5mL 硝酸（4.2），用去离子水稀释至刻度，摇匀。按仪器的最佳条件测其吸光度。用各点的吸光度与对应浓度作图，绘制出标准曲线。

7.2 砷、镉的测定

砷、镉的分析步骤可按 GB/T 17141 的规定执行。

7.2.1 仪器工作条件

仪器的工作条件和温度条件参见表 2 和表 3。

表 2　仪器的工作条件

分析元素	灯电流 mA	波长 nm	狭缝 nm	石墨容器	载气流量 mL/min	中断气 mL/min	进样体积 μL
As	17.5	193.7	1.3	石墨管	200	30	20
Cd	7.5	228.8		石墨管			

表 3　温度条件

分析元素	干燥温度/时间	灰化温度/时间	原子化温度/时间	清洗温度/时间
As	80℃/30s～120℃/30s	300℃/30s～500℃/30s	2800℃/10s	2900℃/3s
Cd		200℃/30s～400℃/30s	1500℃/10s	1800℃/3s

7.2.2 砷的测定

按使用仪器的最佳条件调整好仪器，在空白溶液和样品溶液（6.2.1 或 6.2.2）中取出 25mL，分别放入 50mL 烧杯中，加入少量去离子水后，加 0.5mL 硝酸（4.2）和 1mL 硝酸镍溶液（4.25），摇匀，依次测量出吸光度。从样品的吸光度中扣除空白吸光度后，在标准曲线上查出砷的浓度，或从仪器上直接读出砷的浓度。

7.2.3 砷标准曲线的绘制

用无分度移液管取砷标准使用液（4.22）0.00，1.00，2.00，5.00，10.00mL，分别置于 50mL 容量瓶中，再加入 1mL 硝酸镍溶液（4.25），用去离子水稀释至刻度，摇匀，倒入样品杯中，按仪器的最佳条件测其吸光度。用各点的吸光度与其对应浓度作图，绘制出标准曲线。

7.2.4 镉的测定

按使用仪器的最佳条件调整好仪器，分别测定空白溶液和样品溶液（6.2.1 或 6.2.2）的吸光度，从样品的吸光度中扣除空白的吸光度后，在标准曲线上查出镉的浓度，或从仪器上直接读出镉的浓度。

7.2.5 镉标准曲线的绘制

用无分度移液管取镉的标准使用液（4.24）0，00，1.00，2.00，5.00，10.00mL，分别置于 50mL 容量瓶中，加入少量去离子水后，加 0.5mL 硝酸（4.2），用去离子水稀释至刻度，摇匀，按使用仪器的最佳条件测其吸光度。用各点的吸光度与其对应的砷浓度作图，绘制出标准曲线。

8 结果计算

元素的质量浓度用下式计算：

$$\rho=\frac{\rho_0 V}{m}$$

式中：

ρ_0——在标准曲线上查出或仪器上读出的相应质量浓度，mg/L；

V——样品的稀释体积，mL；

m——溶解样品的质量，g。

9 精密度与准确度

方法的精密度和准确度结果见表 4。

表 4 方法的精密度和准确度

实验室数目个	分析元素	元素浓度 mg/L	重复性相对标准偏差	重复性 mg/L	再现性相对标准偏差	再现性 mg/L	准确度（相对误差）
5	As	11.4±0.6	7.4%	2.4	8.3%	2.6	1.0%
5	As	18.1±0.9	6.6%	3.8	8.3%	5.3	3.9%
8	Cd	0.16±0.6	9.3%	0.04	11.2%	0.05	5.6%
8	Cd	0.40	6.5%	0.074	7.2%	0.074	3.5%
8	Cr	60±7	3.2%	5.4	5.8%	9.7	1.7%
8	Cr	94.4±5.5	2.0%	5.2	3.0%	7.9	1.0%
9	Cu	53±4	2.4%	3.7	2.8%	4.2	2.6%
10	Cu	117±4	1.1%	3.8	1.5%	5.0	1.8%
9	Ni	75	2.7%	5.8	2.8%	5.9	
10	Ni	59.9±3.1	3.0%	5.1	3.0%	5.1	1.1%
8	Pb	33.8±4.4	4.7%	4.4	5.0%	4.8	3.2%
9	Pb	73.9±2.8	1.8%	3.7	1.9%	4.0	3.2%
9	Zn	61±7	3.6%	6.0	5.7%	9.9	2.5%
10	Zn	102±2	2.2%	6.2	2.6%	7.7	1.6%

硅酸盐建筑制品用粉煤灰 JC/T 409—2016

1 范围

本标准规定了硅酸盐建筑制品用粉煤灰的术语和定义、技术要求、试验方法、检验规则以及产品合格证、运输和贮存。

本标准适用于蒸压加气混凝土制品，蒸压粉煤灰砖（砌块）等硅酸盐建筑制品用的粉煤灰。

2 规范性引用文件

下列文件对于本文件的应用是必不可少的。凡是注日期的引用文件，仅注日期的版本适用于本文件。凡是不注日期的引用文件，其最新版本（包括所有的修改单）适用于本文件。

GB/T 176 水泥化学分析方法

GB/T 1345 水泥细度检验方法 筛析法

GB 6566 建筑材料放射性核素限量

3 术语和定义

下列术语和定义适用于本文件。

3.1 粉煤灰 fly ash

燃煤电厂以及煤矸石、煤泥资源综合利用电厂锅炉烟气经除尘器收集后获得的细小飞灰和炉底渣。

3.2 硅酸盐建筑制品 silicate building products

用硅质材料和钙质材料以一定的工艺方法，在水热合成条件下反应生成以水化硅酸钙、水化铝酸钙为主要胶结料的建筑制品。常见的有蒸压加气混凝土制品，蒸压粉煤灰砖（砌块）等。

4 技术要求

4.1 粉煤灰的细度、烧失量、二氧化硅、三氧化硫和氯离子含量应符合表1的规定。

表1 粉煤灰的技术指标要求

指标名称	指标要求%
细度（80μm方孔筛筛余量）	≤25
烧失量	≤8.0
二氧化硅	≥40.0
三氧化硫	≤2.0
氯离子*	≤0.06
*仅对配筋制品有氯离子含量要求。	

4.2 粉煤灰的放射性应符合 GB 6566 的规定，天然放射性核素镭-226、钍-232、钾-40 的放射性比活度应同时满足内照射指数和外照射指数均不大于 1.0。

4.3 高钙粉煤灰须经试验验证后方可使用。

5 试验方法

5.1 细度

按 GB/T 1345 的规定进行。

5.2 烧失量、二氧化硅、三氧化硫和氯离子含量

按 GB/T 176 的规定进行。

5.3 放射性核素限量

按 GB 6566 的规定进行。

6 检验规则

6.1 检验分类

6.1.1 出厂检验

6.1.1.1 粉煤灰出厂时，每一批应进行出厂检验。

6.1.1.2 出厂检验项目包括细度和烧失量。

6.1.2 型式检验

6.1.2.1 型式检验项目包括技术要求的所有项目。

6.1.2.2 有下列情况之一时，产品需进行型式检验：

a）新厂生产试制定型鉴定；

b）正式生产后如原材料、工艺等发生较大改变，可能影响产品性能时；

c）正常生产时，每半年应进行一次；

d）停产 3 个月以上，恢复生产时；

e）出厂检验结果与上次型式检验有较大差异时。

6.2 批量和取样

6.2.1 以一次交货的 200t 同一等级的粉煤灰为一批，不足 200t 亦为一批，粉煤灰的数量以干灰（含水量小于 1%）的质量计。

6.2.2 出厂检验和型式检验的样品按检验批从堆场或贮灰库、运输车（船）上、输送管口、料仓出口处抽取。

6.2.3 检验样品按批随机抽取 15 份试样，每份试样为 0.5kg，混合均匀，按四分法缩取出比试验所需量大二倍的样品。

6.3 判定

6.3.1 符合本标准第 4 章各项技术要求的粉煤灰，判定为合格品。

6.3.2 有一项或一项以上不符合第 4 章中技术要求的粉煤灰，判为不合格品。

6.3.3 对检验结果有异议时，可对异议的项目重新加倍取样进行复验，以复验结果进行判定。

7 产品合格证、运输和贮存

7.1 粉煤灰出厂必须符合本标准要求，并出具产品合格证。产品合格证的内容应包括：

a）生产厂名；

b）产品名称和批号；

c）标准代号；

d）出厂日期；

e）检验日期和检验结果。

7.2 粉煤灰在运输和贮存过程中应分级堆放，应避免杂质的混入，并应符合环保部门的有关规定。

附 录 A
（资料性附录）
粉煤灰化学成分波动范围

全国电厂粉煤灰化学成分波动范围见表 A.1。

表 A.1 粉煤灰化学成分波动范围

化学成分	二氧化硅	三氧化二铝	三氧化二铁	氧化钙	氧化镁	氧化钠和氧化钾	三氧化硫	氯离子	烧失量
范围值/%	40～60	20～30	4～10 高者 15～20	2.5～7 高者 15～20	0.5～2.5 高者 5 以上	0.5～2.5	0.1～1.5 高者 4～6	0～0.12	3.0～30

蒸压粉煤灰砖 JC/T 239—2014

1 范围

本标准规定了蒸压粉煤灰砖的术语和定义、规格、等级和标记、原材料、技术要求、试验方法、检验规则以及产品合格证、堆放和运输。

本标准适用于工业与民用建筑用蒸压粉煤灰砖（以下简称砖）。

2 规范性引用文件

下列文件对于本文件的应用是必不可少的。凡是注日期的引用文件，仅注日期的版本适用于本文件。凡是不注日期的引用文件，其最新版本（包括所有的修改单）适用于本文件。

GB/T 4111 混凝土砖与砌块试验方法

GB 6566 建筑材料放射性核素限量

GB/T 18968 墙体材料术语

GB 50176 民用建筑热工设计规范

JC/T 409 硅酸盐建筑制品用粉煤灰

JC/T 621 硅酸盐建筑制品用生石灰

3 术语和定义

GB/T 18968 界定的以及下列术语和定义适用于本文件。

3.1 蒸压粉煤灰砖 autoclaved fly ash brick

以粉煤灰、生石灰为主要原料，可掺加适量石膏等外加剂和其他集料，经坯料制备、压制成型、高压蒸汽养护而制成的砖，产品代号为 AFB。

3.2 砌筑砂浆槽 masonry mortar channel

设在砖大面上的沟槽。

4 规格、等级和标记

4.1 各部位名称

各部位名称见图 1。

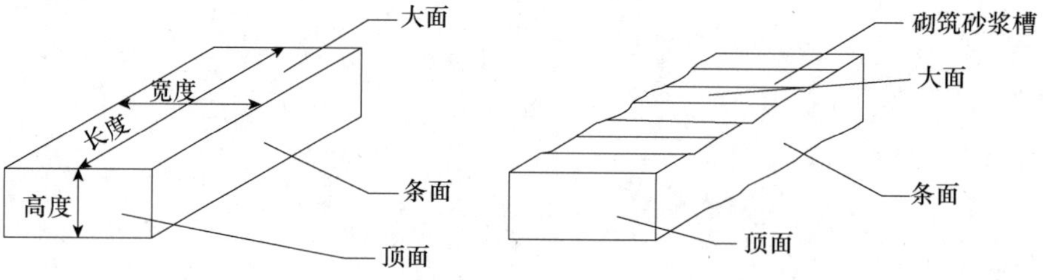

图 1 各部位名称

4.2 规格

4.2.1 砖的外型为直角六面体。

4.2.2 砖的公称尺寸为：长度 240mm、宽度 115mm、高度 53mm。其他规格尺寸由供需双方协商后确定。

4.3 等级

按强度分为 MU10、MU15、MU20、MU25、MU30 五个等级。

4.4 标记

砖按产品代号（AFB）、规格尺寸、强度等级、标准编号的顺序进行标记。

示例：规格尺寸为 240mm×115mm×53mm，强度等级为 MU15 的砖标记为：

AFB　240mm×115mm×53mm　MU15 JC/T 239

5 原材料

5.1 粉煤灰

应符合 JC/T 409 的规定。

5.2 生石灰

应符合 JC/T 621 的规定。

5.3 其他材料

其他原材料应符合相关标准的规定，并对砖耐久性、环境和人体不应产生有害影响。

6 技术要求

6.1 外观质量和尺寸偏差

外观质量和尺寸偏差应符合表 1 的规定。

表 1　外观质量和尺寸偏差

项目名称			技术指标
外观质量	缺棱掉角	个数/个	≤2
		三个方向投影尺寸的最大值/mm	≤15
	裂纹	裂纹延伸的投影尺寸累计/mm	≤20
	层裂		不允许
尺寸偏差	长度/mm		+2 −1
	宽度/mm		±2
	高度/mm		+2 −1

6.2 强度等级

强度等级应符合表 2 的规定。

表 2　强度等级　　　　单位为兆帕

强度等级	抗压强度		抗折强度	
	平均值	单块最小值	平均值	单块最小值
MU10	≥10.0	≥8.0	≥2.5	≥2.0
MU15	≥15.0	≥12.0	≥3.7	≥3.0
MU20	≥20.0	≥16.0	≥4.0	≥3.2
MU25	≥25.0	≥20.0	≥4.5	≥3.6
MU30	≥30.0	≥24.0	≥4.8	≥3.8

6.3　抗冻性

抗冻性应符合表 3 的规定，使用条件应符合 GB 50176 的规定。

表 3　抗冻性

使用地区	抗冻指标	质量损失率	抗压强度损失率
夏热冬暖地区	D15	≤5%	≤25%
夏热冬冷地区	D25		
寒冷地区	D35		
严寒地区	D50		

6.4　线性干燥收缩值

应不大于 0.50mm/m。

6.5　碳化系数

应不小于 0.85。

6.6　吸水率

应不大于 20%。

6.7　放射性核素限量

应符合 GB 6566 的规定。

7　试验方法

7.1　外观质量和尺寸偏差

外观质量和尺寸偏差试验方法按 GB/T 4111 进行。

7.2　强度等级

抗折强度试验方法按附录 A 进行。

抗压强度试验方法按附录 B 进行。

7.3　抗冻性

抗冻性试验方法按 GB/T 4111 进行，冻后抗压强度试验应按附录 B 进行；其中质量损失称量时精确到 0.1g。

7.4　线性干燥收缩值

线性干燥收缩值试验方法按 GB/T 4111 进行，其中手持应变仪的标距为 150 mm。

7.5　碳化系数

碳化系数试验方法按附录 C 进行。

7.6 吸水率

吸水率试验方法按 GB/T 4111 进行，其中质量称量时精确到 0.1g。

7.7 放射性核素限量

放射性核素限量试验方法按 GB 6566 进行。

8 检验规则

8.1 检验分类

8.1.1 出厂检验项目包括：外观质量、尺寸偏差和强度等级。

8.1.2 型式检验项目包括第 6 章的所有要求。在下列情况下进行型式检验：

a）新厂生产试制定型鉴定；

b）正式生产后如原材料、工艺等发生较大改变，可能影响产品性能时；

c）正常生产时，每半年应进行一次；

d）停产 3 个月以上，恢复生产时；

e）出厂检验结果与上次型式检验有较大差异时。

8.2 组批规则

以同一批原材料、同一生产工艺生产、同一规格型号、同一强度等级和同一龄期的每 10 万块砖为一批，不足 10 万块按一批计。

8.3 抽样规则

8.3.1 外观质量和尺寸偏差的检验样品用随机抽样法从每一检验批的产品中抽取，其他项目的检验样品用随机抽样法从外观质量和尺寸偏差检验合格的样品批中抽取。

8.3.2 抽样数量按表 4 进行。

表 4 样品数量 单位为块

检验项目	样品数量
外观质量和尺寸偏差	100（$n_1=n_2=50$）
强度等级	20
吸水率	3
线性干燥收缩值	3
抗冻性	20
碳化系数	25
放射性核素限量	3

8.4 判定规则

8.4.1 外观质量和尺寸偏差

外观质量和尺寸偏差采用二次抽样方案。首先抽取第一样本（$n_1=50$），按照表 1 规定的技术要求进行外观质量和尺寸偏差检验，不合格品数为 d_1。

$d_1 \leqslant 5$ 时，判外观质量和尺寸偏差合格；

$d_1 \geqslant 9$ 时，判外观质量和尺寸偏差不合格；

$d_1>5$，且 $d_1<9$ 时，需对第二样本（$n_2=50$）进行检验，不合格品数为 d_2。

（d_1+d_2）$\leqslant 12$ 时，判外观质量和尺寸偏差合格；

（d_1+d_2）≥13 时，判外观质量和尺寸偏差不合格。

8.4.2 强度等级

强度等级符合表 2 规定时判合格；否则，判不合格。

8.4.3 抗冻性

抗冻性符合表 3 规定时判合格；否则，判不合格。

8.4.4 线性干燥收缩值

线性干燥收缩值符合 6.4 规定时判合格；否则，判不合格。

8.4.5 碳化系数

碳化系数符合 6.5 规定时判合格；否则，判不合格。

8.4.6 吸水率

吸水率符合 6.6 规定时判合格；否则，判不合格。

8.4.7 放射性核素限量

放射性核素限量符合 6.7 规定时判合格；否则，判不合格。

8.4.8 总判定

各项检验结果均符合第 6 章相应的技术要求时，判该批产品合格；否则，判不合格。

9 产品合格证、堆放和运输

9.1 砖龄期不足 10d 不得出厂。

9.2 砖出厂时，应提供产品合格证，内容包括：

a）厂名和商标；

b）批量编号和数量；

c）产品标记和生产日期；

d）检验人员签章。

9.3 砖应按规格、龄期、强度等级分批分别码放，不得混杂。

9.4 砖装卸时，不应碰撞、扔摔，应轻码轻放，不应翻斗倾卸。

9.5 砖堆放、运输及施工时，应有可靠的防雨措施。

附 录 A
（规范性附录）
抗折强度试验方法

A.1 仪器设备

A.1.1 材料试验机

材料试验机的示值误差应不大于 1%，其量程选择应能使试件的预期破坏荷载落在满量程的 20%～80%。

A.1.2 抗折夹具

抗折试验的加荷形式为三点加荷，其上压辊和下支棍的曲率半径为 15mm，下支棍应有一个为铰接固定。

A.1.3 钢直尺

钢直尺规格为 400mm，分度值为 1mm。

A.2 试件

A.2.1 试件数量

蒸压粉煤灰砖抗折强度试件为 10 个。

A.2.2 试件制备

A.2.2.1 不带砌筑砂浆槽的砖试件制备

取 10 块整砖放在（20±5)℃的水中浸泡 24h 后取出，用湿布擦去表面水分，进行抗折强度试验。

A.2.2.2 带砌筑砂浆槽的砖试件制备

用强度等级不低于 42.5 的普通硅酸盐水泥调制成稠度适宜的水泥净浆。试样在（20±5)℃的水中浸泡 15min，在钢丝网架上滴水 3min。立即用水泥净浆将砌筑砂浆槽抹平，在温度（20±5)℃、相对湿度（50±15)％的环境下养护 2d 后，按照 A.2.2.1 的要求进行制备。

A.3 试验步骤

A.3.1 测量试样的宽度（B）和高度（H），分别测量两次取平均值，精确至 1mm。

A.3.2 调整抗折夹具下支棍的跨距（l）为砖规格长度减去 40mm；但规格长度为 190mm 的砖，其跨距为 160mm。

A.3.3 将试样大面平放在下支棍上，试样两端面与下支棍的距离应相同；以 50N/s～150N/s 的速度均匀加荷，加荷应均匀平稳，不应发生冲击或振动，直至试件破坏为止，记录最大破坏荷载 P。

A.4 结果计算与评定

抗折强度按公式（A.1）计算，精确至 0.01MPa。

$$f_z=\frac{3Pl}{2BH^2} \tag{A.1}$$

式中：

f_z——试件的抗折强度，单位为兆帕（MPa）；

P——破坏荷载，单位为牛顿（N）；

l——抗折两支撑钢棒轴心间距，单位为毫米（mm）；

B——试件宽度，单位为毫米（mm）；

H——试件高度，单位为毫米（mm）。

抗折强度以 10 个试件抗折强度的算术平均值和单块最小值表示，精确至 0.1MPa。

附　录　B
（规范性附录）
抗压强度试验方法

B.1 仪器设备

B.1.1 材料试验机

材料试验机的示值误差应不大于 1％，其量程选择应能使试件的预期破坏荷载落在满量程的 20%～80%。

B.1.2 钢直尺

钢直尺规格为 400mm，分度值为 1mm。

B.1.3 切割设备

钢性材质，刃口锋利。

B.2 试件

B.2.1 试件数量

蒸压粉煤灰砖抗压强度试件为 10 个。

B.2.2 试件制备

B.2.2.1 不带砌筑砂浆槽的砖试件制备

取 10 块整砖放在 (20±5)℃的水中浸泡 24h 后取出，用湿布擦去表面水分；采用样品中间部位切割，交错叠加制备抗压强度试件；交错叠加部位的长度以 100mm 为宜，但不应小于 90mm，如果不足 90mm，应另取备用试样补足。

B.2.2.2 带砌筑砂浆槽的砖试件制备

采用样品中间部位切割。用强度等级不低于 42.5 的普通硅酸盐水泥调制成稠度适宜的水泥净浆。试样在 (20±5)℃的水中浸泡 15min，在钢丝网架上滴水 3min。立即用水泥净浆将砌筑砂浆槽抹平，在温度 (20±5)℃、相对湿度 (50±15)%的环境下养护 2d 后，按照 B.2.2.1 的要求进行制备。

B.3 试验步骤

B.3.1 测量叠加部位的长度 (L) 和宽度 (B)，分别测量两次取平均值，精确至 1mm。

B.3.2 将试件放在试验机下压板上，要尽量保证试件的重心与试验机压板中心重合。

注：对于孔型分别对称于长 (L) 和宽 (B) 的中心线的试件，其重心和形心重合；对于不对称孔型的试件，可在试件承压面下垫一根直径 10mm、可自由滚动的圆钢条，分别找出长 (L) 和宽 (B) 的平衡轴 (重心轴)，两轴的交点即为重心。

B.3.3 试验机加荷应均匀平稳，不应发生冲击或振动。加荷速度以 4kN/s～6kN/s 为宜，直至试件破坏为止，记录最大破坏荷载 P。

B.4 结果计算与评定

抗压强度按公式 (B.1) 计算，精确至 0.01MPa。

$$R=\frac{P}{LB} \tag{B.1}$$

式中：

R——试件的抗压强度，单位为兆帕 (MPa)；

P——破坏荷载，单位为牛顿 (N)；

L——受压面的长度，单位为毫米 (mm)；

B——受压面的宽度，单位为毫米 (mm)。

试验结果以 10 个试件抗压强度的算术平均值和单块最小值表示，精确至 0.1MPa。

附　录　C
（规范性附录）
碳化系数试验方法

C.1　仪器设备

C.1.1　抗压强度试验设备

应满足附录 A 的规定。

C.1.2　碳化试验箱

容积至少放一组以上的试件。

箱内环境条件为：二氧化碳体积浓度为（20±3）%，相对湿度为（70±5）%，温度为（20±5）℃。

C.2　酚酞乙醇溶液

质量浓度为 1%酚酞乙醇溶液，用质量浓度为 70%的乙醇配制。

C.3　试件

试样数量为两组共 25 块。一组 10 块为对比试件；一组 15 块为碳化试件，其中 5 块用于测试碳化情况。

C.4　试验步骤

C.4.1　将碳化试验样品放入碳化箱内进行碳化试验，样品间距应不小于 20mm；抗压强度对比样品放置的环境条件为：相对湿度（70±5）%，温度（20±5）℃。

C.4.2　碳化 7d 后，每天将测试碳化情况样品的端部约 30mm 处劈开，用质量浓度为 1%的酚酞乙醇溶液检查碳化深度，当测试样品剖面中心不显红色时，即测试样品已完全碳化，则认为碳化箱中全部样品已全部碳化，碳化试验结束；若测试样品剖面中心显红色，即测试样品尚未完全碳化，应继续进行碳化试验，直至 28d 碳化试验结束。

C.4.3　将已完全碳化或已碳化 28d 仍未完全碳化的全部样品，与抗压强度对比样品同时按附录 B 进行试件制备、养护和抗压强度试验。

C.5　结果计算

蒸压粉煤灰砖的碳化系数按公式（C.1）计算，精确至 0.01。

$$K_c=\frac{R_c}{R} \tag{C.1}$$

式中：

K_c——蒸压粉煤灰砖的碳化系数；

R_c——10 块碳化后试件的抗压强度算术平均值，单位为兆帕（MPa）；

R——10 块对比试件的抗压强度算术平均值，单位为兆帕（MPa）。

粉煤灰混凝土小型空心砌块 JC/T 862—2008

1 范围

本标准规定了粉煤灰混凝土小型空心砌块（以下简称砌块）的术语和定义、分类与标记、原材料、要求、试验方法、检验规则及产品合格证、贮存和运输。

本标准适用于工业与民用建筑工程用的粉煤灰混凝土小型空心砌块。

2 规范性引用文件

下列文件中的条款通过本标准的引用而成为本标准的条款。凡是注日期的引用文件，其随后所有的修改单（不包括勘误的内容）或修订版均不适用于本标准，然而，鼓励根据本标准达成协议的各方研究是否可使用这些文件的最新版本。凡是不注日期的引用文件，其最新版本适用于本标准。

GB 175 通用硅酸盐水泥

GB/T 1596 用于水泥和混凝土中的粉煤灰

GB/T 4111 混凝土小型空心砌块试验方法

GB 6566 建筑材料放射性核素限量

GB 8076 混凝土外加剂

GB/T 14684 建筑用砂

GB/T 14685 建筑用卵石、碎石

GB/T 17431 轻集料及其试验方法

GB/T 18968 墙体材料术语

JGJ 63 混凝土用水标准

YBJ 20584 混凝土用高炉重矿渣碎石技术条件

3 术语和定义

GB/T 18968 确立的以及下列术语和定义适用于本标准。

粉煤灰混凝土小型空心砌块 small hollow block of fly ash concrete

以粉煤灰、水泥、集料、水为主要组分（也可加入外加剂等）制成的混凝土小型空心砌块，以下简称砌块，代号为 FHB。

4 产品分类

4.1 分类

按砌块孔的排数分为：单排孔（1）、双排孔（2）和多排孔（D）三类。

4.2 规格

主规格尺寸为 390mm×190mm×190mm，其他规格尺寸可由供需双方商定。

4.3 等级

4.3.1 按砌块密度等级分为：600、700、800、900、1000、1200 和 1400 七个等级。

4.3.2 按砌块抗压强度分为：MU3.5、MU5，MU7.5、MU10，MU15 和 MU20 六个等级。

4.4 标记

产品按下列顺序进行标记：代号（FHB）、分类、规格尺寸、密度等级、强度等级、标准编号。

示例：

规格尺寸为 390mm×190mm×190mm、密度等级为 800 级、强度等级为 MU5 的双排孔砌块的标记：

FHB2　390×190×190　800　MU 5　JC/T 862—2008。

5 原材料

5.1 水泥

应符合 GB 175 的规定。水泥用量应不低于原材料干重量的 10%。

5.2 粉煤灰

应符合 GB/T 1596 和 GB 6566 的规定，对含水率不作规定，但应满足生产工艺要求。粉煤灰用量应不低于原材料干重量的 20%，也不高于原材料干重量的 50%。

5.3 集料

各种集料的最大粒径不宜大于 10mm。

5.3.1 砂：应符合 GB/T 14684 的规定。

5.3.2 卵石和碎石：应符合 GB/T 14685 的规定。

5.3.3 轻集料：应符合 GB/T 17431 的规定。

5.3.4 重矿渣集料：应符合 YBJ 20584 的规定。

5.3.5 炉底渣、灰渣混排时，0.16mm 筛筛余部分的烧失量应不大于 15%。

5.3.6 石屑：小于 0.16mm 的细石粉含量应不大于 20%。

5.4 外加剂

应符合 GB 8076 的规定。

5.5 水

应符合 JGJ 63 的规定。

6 要求

6.1 尺寸偏差和外观质量

尺寸允许偏差和外观质量应符合表 1 的规定。

表 1　尺寸允许偏差和外观质量

项　　目		指　　标
尺寸允许偏差/mm	长度	±2
	宽度	±2
	高度	±2

续表

项　目		指　标
最小外壁厚，不小于/mm	用于承重墙体	30
	用于非承重墙体	20
肋厚，不小于/mm	用于承重墙体	25
	用于非承重墙体	15
缺棱掉角	个数，不多于/个	2
	3 个方向投影的最小值，不大于/mm	20
裂缝延伸投影的累计尺寸，不大于/mm		20
弯曲，不大于/mm		2

6.2 密度等级

密度等级应符合表 2 的规定。

表 2　密度等级　　单位为千克每立方米

密度等级	砌块块体密度的范围
600	≤600
700	610～700
800	710～800
900	810～900
1000	910～1000
1200	1010～1200
1400	1210～1400

6.3 强度等级

强度等级应符合表 3 的规定。

表 3　强度等级　　单位为兆帕

强度等级	砌块抗压强度	
	平均值不小于	单块最小值不小于
MU 3.5	3.5	2.8
MU 5	5.0	4.0
MU 7.5	7.5	6.0
MU 10	10.0	8.0
MU 15	15.0	12.0
MU 20	20.0	16.0

6.4 干燥收缩率

干燥收缩率应不大于 0.060%。

6.5 相对含水率

相对含水率应符合表 4 的规定。

表 4　相对含水率

单位为百分比

使用地区	潮湿	中等	干燥
相对含水率不大于	40	35	30

注：1. 相对含水率即砌块含水率与吸水率之比：

$$W=100\times\omega_1/\omega_2$$

式中：W——砌块的相对含水率，单位为百分比（%）；

ω_1——砌块的含水率，单位为百分比（%）；

ω_2——砌块的吸水率，单位为百分比（%）。

2. 使用地区的湿度条件：

潮湿——系指年平均相对湿度大于 75%的地区；

中等——系指年平均相对湿度 50%～75%的地区；

干燥——系指年平均相对湿度小于 50%的地区。

6.6　抗冻性

抗冻性应符合表 5 的规定。

表 5　抗冻性

单位为百分比

使用条件	抗冻指标	质量损失率	强度损失率
夏热冬暖地区	F_{15}	≤5	≤25
夏热冬冷地区	F_{25}		
寒冷地区	F_{35}		
严寒地区	F_{50}		

6.7　碳化系数和软化系数

碳化系数应不小于 0.80；软化系数应不小于 0.80。

6.8　放射性

放射性应符合 GB 6566 的规定。

7　试验方法

砌块各项性能指标试验按 GB/T 4111 有关规定进行。放射性试验按 GB 6566 进行。

8　检验规则

8.1　检验分类

砌块的检验分出厂检验和型式检验。

8.1.1　出厂检验

出厂检验项目：尺寸偏差、外观质量、密度等级、强度等级、相对含水率。

8.1.2　型式检验

检验项目：第 6 章要求中的全部项目。有下列情况之一者，必须进行型式检验：

a）新产品的试制定型鉴定；

b）正常生产后，原材料、配比及生产工艺改变时；

c）正常生产时，每半年至少进行一次（碳化系数、抗冻性和放射性检验每年一次）；

d）产品停产三个月以上恢复生产时；

e）出厂检验结果与上次型式检验有较大差异时；

f）国家质量监督机构提出进行型式检验要求时。

8.2 组批规则

以用同一种粉煤灰、同一种集料与水泥、同一生产工艺制成的相同密度等级、相同强度等级的10 000块砌块为1批，每月生产的砌块数不足10 000块者亦以1批计。

8.3 抽样规则

8.3.1 出厂检验时，每批随机抽取32块进行尺寸偏差和外观质量检验；再从尺寸偏差和外观质量检验合格的砌块中，随机抽取8块，其中，5块进行强度等级检验，3块进行密度等级和相对含水率检验。

8.3.2 型式检验时，每批随机抽取64块，其中32块进行尺寸偏差、外观质量检验；从尺寸偏差和外观质量检验合格的砌块中抽取如下数量进行其他项目检验：

a）强度等级：5块；

b）密度等级和相对含水率：3块；

c）干燥收缩率：3块；

d）抗冻性：10块；

e）软化系数：10块；

f）碳化系数：12块；

g）放射性：按GB 6566。

8.4 判定规则

8.4.1 若受检的32块砌块中，尺寸偏差和外观质量的不合格数不超过7块，则判该批砌块尺寸偏差和外观质量合格。否则为不合格。

8.4.2 当所有项目的检验结果均符合本标准第6章各项要求时，则判该批产品合格。

8.4.3 产品的放射性超过GB 6566规定时，应停止生产与销售。

9 产品合格证、贮存和运输

9.1 砌块应在厂内养护28天龄期后方可出厂，并应提供产品质量合格证书，其内容包括：

a）厂名与商标；

b）合格证编号、生产和出厂日期；

c）产品标记；

d）性能检验结果；

e）批量编号与砌块数量（块）；

f）检验部门与检验人员签字盖章。

9.2 砌块应按规格、密度等级、强度等级分别贮存。

9.3 砌块宜采用塑料布包装，砌块贮存、运输及砌筑时应有防雨措施。

9.4 砌块装卸时，严禁碰撞、扔摔，应轻码轻放，不许翻斗车倾卸。

烟气脱硫石膏 JC/T 2074—2011

1 范围

本标准规定了烟气脱硫石膏的等级和标记、技术要求、试验方法、检验规则以及标志、包装、运输和贮存。

本标准适用于采用石灰石/石灰—石膏湿法对含硫烟气进行脱硫净化处理而产生的以二水硫酸钙（$CaSO_4 \cdot 2H_2O$）为主要成分的烟气脱硫石膏。

2 规范性引用文件

下列文件对于本文件的应用是必不可少的。凡是注日期的引用文件，仅所注日期的版本适用于本文件。凡是不注日期的引用文件，其最新版本（包括所有的修改单）适用于本文件。

GB/T 2007.1　散装矿产品取样、制样通则　手工取样方法

GB/T 5484—2000　石膏化学分析方法

GB/T 5950　建筑材料与非金属矿产品白度测量方法

GB/T 17669.1—1999　建筑石膏　一般试验条件

3 等级和标记

3.1 等级

按烟气脱硫石膏中二水硫酸钙等成分的含量，分为一级品（代号 A）；二级品（代号 B）；三级品（代号 C）三个等级。

3.2 标记

烟气脱硫石膏按产品名称、等级代号和标准编号的顺序标记。

示例：符合 JC/T 2074—2011，等级为一级的烟气脱硫石膏标记为：

烟气脱硫石膏 A JC/T 2074—2011

4 技术要求

烟气脱硫石膏的技术性能应符合表 1 的规定。

表 1　烟气脱硫石膏的技术要求

序号	项　　目		指　　标		
			一级（A）	二级（B）	三级（C）
1	气味（湿基）		无异味		
2	附着水含量（湿基）/%	≤	10.00		12.00
3	二水硫酸钙（$CaSO_4 \cdot 2H_2O$）（干基）/%	≥	95.00	90.00	85.00
4	半水亚硫酸钙（$CaSO_3 \cdot 1/2H_2O$）（干基）/%	≤	0.50		

续表

序号	项　　目		指　　标		
			一级（A）	二级（B）	三级（C）
5	水溶性氧化镁（MgO）（干基）/%	⩽	0.10		0.20
6	水溶性氧化钠（Na_2O）（干基）/%	⩽	0.06		0.08
7	pH 值（干基）		5～9		
8	氯离子（Cl^-）（干基）/（mg/kg）	⩽	100	200	400
9	白度（干基）/%		报告测定值		

5 试验方法

5.1.1 试验环境

试验环境应符合 GB/T 17669.1—1999 中 2.2.1 的规定。

5.1.2 试剂和材料

除非另有说明，在分析中应使用蒸馏水或去离子水或同等纯度的水；所用试剂应为分析纯或优级纯试剂。用于标定与配制标准溶液的试剂应为基准试剂。

本标准使用的市售浓液体试剂应具有表 2 的密度 ρ（20℃）或浓度（%）。

表 2　液体试剂

化学名称	分子式	密度 ρ g/cm³	浓度%
盐酸	HCl	1.18～1.19	36～38
硫酸	H_2SO_4	1.84	98
硝酸	HNO_3	1.39～1.41	65～68

在化学分析中，所用酸，凡未注浓度者均指市售的浓酸。用体积比表示试剂稀释程度，例如：盐酸（1+1）表示：1 份体积的浓盐酸与 1 份体积的水相混合。

5.1.2.1 盐酸：1+1。

5.1.2.2 硫酸：1+1。

5.1.2.3 硝酸：1+1。

5.1.2.4 硝酸溶液［c(HNO_3)＝0.1mol/L］：将 1.4mL 硝酸（HNO_3）与 200mL 水混合。

5.1.2.5 氢氧化钠（NaOH）。

5.1.2.6 无水碳酸钠（Na_2CO_3）。

5.1.2.7 碘化钾（KI）。

5.1.2.8 氧化镧溶液（5%）：在 50.0g 氧化镧（La_2O_3）中加入 200mL 盐酸溶液（见 5.1.2.1），随后将此溶液倒入 1000mL 容量瓶中，加水，定容。

5.1.2.9 氯化铯溶液（0.5%）：在 100mL 水中溶解 6.3g 氯化铯（CsCl），随后将此溶液倒入 1000mL 容量瓶中，加水，定容。

5.1.2.10 镁标准贮备溶液（1.000g/L）：称取 800℃灼烧至恒重的氧化镁（MgO，S. P）1.658 3g，精确到 0.1mg，放入 100mL 烧杯中，加入少量水使样品润湿，加入 20mL 盐酸

（见 5.1.2.1）溶解，移入 1000mL 容量瓶中，稀释至刻度。

5.1.2.11 镁标准溶液（100mg/L）：移取镁标准贮备液（见 5.1.2.10）10.0mL，置于 100mL 容量瓶中，稀释至刻度。

5.1.2.12 钠标准贮备液（1.000g/L）：称取 2.5421g 基准氯化钠（NaCl），精确到 0.1mg，以水溶解并移至 1000mL 容量瓶中稀释至标线，摇匀即时转入聚乙烯瓶中保存。

5.1.2.13 钠标准溶液（100mg/L）：吸取钠标准贮备溶液（见 5.1.2.12）10.0mL 于 100mL 容量瓶中加 2mL 硝酸溶液（5.1.2.3），稀释至刻度。

5.1.2.14 氢氧化钠溶液［c（NaOH）＝0.1mol/L］：称取 4.0g 氢氧化钠，精确到 0.1mg，溶于水中，加水稀释至 1000mL，标定。

5.1.2.15 硝酸银溶液［c（$AgNO_3$）＝0.05mol/L］：称取 8.7g 硝酸银（预先在 120℃±2℃下烘干 2h），精确到 0.1mg。用蒸馏水将其溶解并定容于 1000mL 的容量瓶中，摇匀，贮存于棕色瓶中，使用时标定。

5.1.2.16 碘溶液［c（I_2）＝0.05mol/L］：称取 12.7g 单质碘（I_2），精确至 0.1mg，加 35.0g 碘化钾（KI），溶于 100mL 水中，加水稀释至 1000mL，摇匀，贮存于棕色瓶中，使用时标定。

5.1.2.17 硫代硫酸钠溶液［c（$Na_2S_2O_3\cdot 5H_2O$）＝0.1mol/L］：称取 24.8g 五水合硫代硫酸钠（$Na_2S_2O_3\cdot 5H_2O$），精确到 0.1mg，加 0.2g 无水碳酸钠（Na_2CO_3），溶于 1000mL 水中，缓缓煮沸 10min，冷却。放置两周后过滤，标定。

5.1.2.18 pH4.00 的缓冲溶液：将 10.21g 邻苯二甲酸［$C_6H_4(COOH)_2$］溶于水中，加水定容至 1000mL。

5.1.2.19 pH7.42 的缓冲溶液：将 1.18g 磷酸二氢钾（KH_2PO_4）和 4.30g 磷酸氢二钠（Na_2HPO_4），加水定容至 1000mL。

5.1.2.20 pH9.18 的缓冲溶液：将硼砂（$Na_2BrO_7\cdot 10H_2O$）3.81g，加水定容至 1000mL。

5.1.2.21 酚酞指示剂溶液（10g/L）：将 1g 酚酞溶于 100mL 体积分数为 95％的乙醇中。

5.1.2.22 铬酸钾指示剂溶液（100g/L）：在 50mL 水中溶解 5g 铬酸钾（K_2CrO_4），搅拌，加入硝酸银溶液（见 5.1.2.15）10 滴，静置 5min，过滤。

5.1.2.23 淀粉指示剂（2％）：取可溶性淀粉 2g，加水 5mL 搅匀后，缓缓倾入 100mL 沸水中，随加随搅拌，继续煮沸 2min，放冷，倾取上层清液，即得。

5.1.3 仪器与设备

5.1.3.1 天平：不应低于四级，精确到 0.1mg。

5.1.3.2 瓷坩锅：带盖，容量 15mL～30mL。

5.1.3.3 烘箱：鼓风干燥箱。应使用温度控制器，准确控制温度，并定期进行校验。

5.1.3.4 滤纸：无灰的快速、中速、慢速三种型号定量滤纸。

5.1.3.5 玻璃容量器皿：滴定管、容量瓶、移液管、称量瓶、烧杯、广口瓶。

5.1.3.6 磁力搅拌器：带有塑料外壳的搅拌子，配备有调速装置。

5.1.3.7 酸度计：带有饱和氯化钾甘汞电极。

5.1.3.8 原子吸收分光光度计及相应的辅助设备。

5.2 样品处理

5.2.1 湿基样品处理

按 6.2.2 规定方法所取的样品即为湿基样品。

5.2.2 干基样品处理

按 GB/T 5484—2000 中 7.1 规定方法对湿基样品进行去除附着水之后即为干基样品。

注：本标准除 5.3 和 5.4 使用湿基样品外，5.5～5.9 均使用干基样品。

5.3 气味

取湿基样品与粒度为 0.2mm 以内的天然石膏各 50g，分别放入 125mL 广口瓶中，手在瓶口轻轻扇动，经对比后，确定是否有异味。

5.4 附着水含量

按 GB/T 5484—2000 中 7.1 规定方法进行。

5.5 二水硫酸钙含量

5.5.1 分析步骤

按 GB/T 5484—2000 中 8.1 规定方法进行。

5.5.2 结果计算

二水硫酸钙含量以质量分数 R_0 计，数值以 10^{-2} 或%表示，按公式（1）计算：

$$R_0=\frac{X_1}{20.9275}\times 100 \tag{1}$$

式中：

X_1——烟气脱硫石膏中结晶水含量，单位为百分数（%）。

计算结果精确至 0.01%。

5.6 水溶性氧化镁和氧化钠含量

5.6.1 储备溶液 W 的配制

在 500mL 烧杯中量取约 400mL 已煮沸的水，称取约 20g 烟气脱硫石膏试样（m_1），精确到 0.1mg，加入水中，随后将此悬浊液置于磁力搅拌器（见 5.1.3.6）上，加热至 40℃～45℃，搅拌 10min 后，用双层滤纸过滤，滤液滤至 500mL（V_1）容量瓶中，沉淀物与烧杯用 40℃～45℃水洗涤，冷却至室温后，定容，制得储备溶液 W。

5.6.2 水溶性氧化镁含量的测定

5.6.2.1 分析步骤

稀释镁标准溶液（见 5.1.2.11）得到浓度分别为 0.1mg/L、0.2mg/L、0.3mg/L、0.4mg/L 和 0.5mg/L 的镁校正溶液，其中在每个体积为 100mL（V_2）的校正溶液中含有 5mL 氧化镧溶液（见 5.1.2.8），配制好的校正溶液待用。量取 95mL 水，加入 5mL 氧化镧溶液，作为浓度为 0.0mg/L 镁的空白溶液。

移取一定体积的储备溶液 W（V_3，如：10mL）至 100mL 容量瓶中，加入 5mL 氧化镧溶液，标定至刻度（作为测试溶液），此溶液中镁的含量与校正溶液中镁的含量相近。依照操作说明用原子吸收光谱（见 5.1.3.8）测定校正溶液和测试溶液（测试波长为 285.2nm），获得测试溶液镁的浓度 β，单位为毫克每升（mg/L）。

5.6.2.2 结果计算

烟气脱硫石膏中的水溶性氧化镁含量以质量分数 X_2 计，数值以 10^{-2} 或%表示，按公式（2）计算：

$$X_2=\frac{\beta \times V_2 \times V_1}{V_3 \times m_1} \times f_1 \times 100 \tag{2}$$

式中：

β——测试溶液中镁的浓度的数值，单位为毫克每升（mg/L）；

V_1——储备溶液 W 配制中试样滤液的稀释体积的数值，单位为升（L）（$V_1=0.500$）；

V_2——配制校正溶液时稀释镁标准溶液的体积的数值，单位为毫升（mL）（$V_2=100$）；

V_3——所用储备溶液 W 的体积的数值，单位为毫升（mL）；

m_1——储备溶液 W 中试样质量的数值，单位为毫克（mg）（$m_1=20000$）；

f_1——计算校正因子（$f_1=1.658$）。

计算结果精确至 0.01%。

5.6.3 水溶性氧化钠含量的测定

5.6.3.1 分析步骤

稀释钠标准溶液（见 5.1.2.13）得到浓度分别为 0.1mg/L，0.3mg/L，0.5mg/L 和 1.0mg/L 的钠校正溶液，其中在每个体积为 100mL（V_4）的校正溶液中含有 10mL 氯化铯溶液（见 5.1.2.9），配置好的校正溶液待用。量取 90mL 水，加入 10mL 氯化铯溶液制得含 0.0mg/L 钠的空白溶液。

移取一定体积的储存溶液 W（V_5，如：50mL）至 100mL 的容量瓶中，加入 10mL 氯化铯溶液，标定至刻度，该溶液中钠含量与校正溶液中钠含量相近，作为测试液待用。依照操作说明用原子吸收光谱（见 5.1.3.8）测定校正溶液和测试溶液（测试波长为 589nm），获得测试溶液的浓度为钠的浓度，记为 ω，单位为毫克每升（mg/L）。

5.6.3.2 结果计算

烟气脱硫石膏中的水溶性氧化钠含量以质量分数 X_3 计，数值以 10^{-2} 或%表示，按公式（3）计算：

$$X_3=\frac{\omega \times V_4 \times V_1}{V_5 \times m_1} \times f_2 \times 100 \tag{3}$$

式中：

ω——测试溶液中钠的浓度的数值，单位为毫克每升（mg/L）；

V_1——储备溶液 W 配制中试样滤液的稀释体积的数值，单位为升（L）（$V_1=0.500$）；

V_4——配制校正溶液时稀释钠标准溶液的体积的数值，单位为毫升（mL）（$V_4=100$）；

V_5——所用储备溶液 W 的体积的数值，单位为毫升（mL）；

m_1——储存溶液 W 中试样质量的数值，单位为毫克（mg）（$m_1=20000$）；

f_2——计算校正因子（$f_2=1.348$）。

计算结果精确至 0.01%。

5.7 氯离子

5.7.1 分析步骤

称量约 20g 试样（m_2），精确到 0.1mg，移入 400mL 烧杯中，加入 150mL 水，加热搅拌 1h，用表面皿覆盖烧杯口，并控制加热温度在 80℃～100℃，加热中可间隔搅拌，用带有中速滤纸的布式漏斗抽滤，所得过滤残余物用四份 20mL 热水进行洗涤。

加入两滴酚酞（见 5.1.2.21）到滤液中，如果滤液颜色没有变为粉红色，加入

0.1mol/L 氢氧化钠溶液（见 5.1.2.14）使滤液显示为弱粉红色，随后滴加 0.1mol/L 硝酸溶液（见 5.1.2.4）直至粉红色刚好消失。将滤液转入 250mL 容量瓶中，冷却至室温，定容。取适量转入 400mL 烧杯中，稀释至 100mL 到 250mL，加入 0.5mL（约 10 滴）铬酸钾指示剂（见 5.1.2.22），用 0.05mol/L 硝酸银溶液滴定（见 5.1.2.15），直到弱的橙色出现为止。

取 100mL 到 250mL 与试样溶液相同体积的水按上述步骤滴定作为空白实验。

5.7.2 结果计算

利用硝酸银溶液体积扣除空白实验消耗得到滤液所消耗的硝酸银溶液的体积 V_6，其中 1mL 滴定液相当于 2.923×10^{-3}g 氯化钠。

烟气脱硫石膏中的氯离子含量以质量分数 X_4 计，数值以毫克每千克（mg/kg）表示，按公式（4）计算：

$$X_4=\frac{2.923\times10^{-3}\times f_3\times V_6}{m_2}\times10^6 \tag{4}$$

式中：

m_2——所测试样质量的数值，单位为克（g）（$m_2=20$）；

V_6——滤液所消耗的硝酸银溶液的体积的数值，单位为毫升（mL）；

f_3——计算校正因子（$f_3=0.6066$）。

计算结果精确至 1mg/kg。

5.8 半水亚硫酸钙

5.8.1 分析步骤

称取约 1g 试样（m_3）于 150mL 烧杯中，精确到 0.1mg，随后加入过量的碘溶液（V_7，见 5.1.2.16），50mL 去离子水，5mL 硫酸溶液（见 5.1.2.2）。

用硫代硫酸钠溶液（见 5.1.2.17）回滴过量的碘溶液至黄色后再加入 5mL 浓度为 2% 的淀粉溶液（见 5.1.2.23），继续滴至溶液颜色由蓝色变为无色（V_8）。

5.8.2 结果计算

1mL 碘溶液相当于 3.203×10^{-3}g 二氧化硫，烟气脱硫石膏中的半水亚硫酸钙含量以质量分数 X_5 计，数值以 10^{-2} 或%表示，按公式（5）计算：

$$X_5=\frac{3.203\times10^{-3}\times(V_7-V_8)}{m_3}\times f_4\times100 \tag{5}$$

式中：

m_3——所测试样质量的数值，单位为克（g）；

V_7——所用碘溶液的体积的数值，单位为毫升（mL）；

V_8——所用硫代硫酸钠溶液的体积的数值，单位为毫升（mL）；

f_4——计算校正因子（$f_4=2.0161$）。

计算结果精确至 0.01%。

5.9 pH 值

5.9.1 分析步骤

室温下，在 90mL 已去除二氧化碳的水中加入约 10g 试样，精确到 0.1g，搅拌该悬浊液 1min，随后静置约 5min 得到待测液。

用缓冲溶液（见 5.1.2.18、5.1.2.19、5.1.2.20）校正 pH 计。随后对待测液的上层清液进行 pH 值的测定。

5.9.2 结果表示

结果精确至 0.1。

5.10 白度

按 GB/T 5950 规定方法进行。

6 检验规则

6.1 检验分类

产品检验分为出厂检验和型式检验。

6.1.1 出厂检验

产品检验分为出厂检验和型式检验。

6.1.2 出厂检验

出厂检验项目为：附着水含量、二水硫酸钙含量、氯离子含量。

6.1.3 型式检验

型式检验项目为表 1 所规定的所有技术要求。在下列情况下进行型式检验：

a）原料、工艺、设备有较大改变时；

b）产品停产半年以上恢复生产时；

c）正常生产满一年时。

6.2 组批和取样

6.2.1 组批

对于年产量小于 5 万吨的生产厂，以不超过 150t 产品为一批；对于年产量 5 万吨～10 万吨的生产厂，以不超过 300t 为一批；对于年产 10 万吨～20 万吨的生产厂，以不超过 500t 为一批量；20 万吨以上的生产厂，以不超过 800t 为一批，每一批量为一个编号，产品不足一批时也按一批计。

6.2.2 取样

按 GB/T 2007.1 所规定的方法进行，每批量总取样量不应少于 10kg，由此组成总样品。总样品均匀缩分为二等份，一份用做检验，另一份密封保存，以备复验用。

6.3 判定规则

检验样品按第 5 章进行试验。检验结果若符合第 4 章相应等级的技术要求，则判定为该批产品合格。若有指标不符合相应等级的技术要求，应对不符合要求的指标进行重新检验。若有一项以上指标仍不符合要求，则判定该批产品不合格。

7 标志、包装、运输和贮存

7.1 标志

烟气脱硫石膏出厂时，生产厂应提供产品质量合格证书，其内容包括：

a）产品标记、生产厂名和厂址；

b）批量编号及重量；

c）检验结果、日期；

d）合格证编号及发放日期；

e）检验部门及检验人员签章。

7.2 包装

一般采用散装供应，也可采用袋装，包装袋的规格、质量要求由供需双方自行商定。

7.3 运输和贮存

脱硫石膏在运输和贮存时，不同等级的产品应分别堆放，同时应保持清洁，防止雨淋、水泡及混入杂物。

烟气脱硫石膏化学分析方法 JC/T 2437—2018

1 范围

本标准规定了烟气脱硫石膏化学分析方法的基准法和代用法。

本标准适用于采用石灰石/石灰一石膏湿法对含硫烟气进行脱硫净化处理而产生的以二水硫酸钙（$CaSO_4 \cdot 2H_2O$）为主要成分的烟气脱硫石膏的化学成分分析。

2 规范性引用文件

下列文件对于本文件的应用是必不可少的。凡是注日期的引用文件，仅注日期的版本适用于本文件。凡是不注日期的引用文件，其最新版本（包括所有的修改单）适用于本文件。

GB/T 176—2017 水泥化学分析方法

GB/T 601 化学试剂 标准滴定溶液的制备

GB/T 2007.1 散装矿产品取样、制样通则 手工取样方法

GB/T 5484—2012 石膏化学分析方法

GB/T 5750.5—2006 生活饮用水标准检验方法 无机非金属指标

HJ 615 土壤 有机碳的测定 重铬酸钾氧化-分光光度法

3 术语和定义

下列术语和定义适用于本文件。

3.1 收到基 received base

以收到状态时的石膏为基准。

3.2 干燥基 dried base

以除去附着水的石膏为基准，即以石膏试样在（45±3）℃干燥至恒量状态时的石膏为基准。

4 数据处理

4.1 试验次数与要求

每项测定的试验次数规定为两次。用两次试验结果的平均值表示测定结果。

4.2 质量、体积和结果的表示

用“克（g）”表示质量，精确至 0.0001g。滴定管体积用“毫升（mL）”表示，读数精确至 0.05mL。标准滴定溶液的浓度、滴定度和体积比经修约后保留有效数字四位。

氨、硝酸盐、总有机碳的分析结果以毫克每千克（mg/kg）计，其他各项分析结果均以质量分数计；pH 值分析结果保留小数点后一位，氯离子分析结果保留小数点后三位，其他各项分析结果均保留小数点后二位。

报告中试样附着水的分析结果以收到基（见 3.1）表示；其他分析结果以干燥基（见 3.2）表示。

5 试样的制备

5.1 附着水试样的制备

试样应具有代表性和均匀性，按 GB 2007.1 方法取样。样品不少于 100g。用防止水分蒸发的容器盛放，密封保存，用于附着水的测定。

5.2 化学分析试样的制备

将测定附着水后的试样或在（45±3）℃烘干至恒量后的试样缩分至约 50g。把试样研磨至全部通过孔径为 150μm 方孔筛，使用机械研磨时应注意研磨过程中试样温度不超过 55℃，制样前清洗干净设备，避免污染试样。然后充分混匀，装入试样瓶中，密封保存，用于除附着水以外的化学分析。

6 碳酸盐的测定

6.1 方法提要

本方法适用于以石灰石为脱硫剂进行湿法脱硫所产生的烟气脱硫石膏，以碳酸钙含量表示碳酸盐的总含量。

向试样中加入过量的盐酸除去碳酸盐，同时加入双氧水，防止亚硫酸盐对滴定的干扰，用氢氧化钠标准滴定溶液滴定过量的盐酸。

6.2 仪器

6.2.1 天平：精度 0.0001g。

6.2.2 恒温水浴。

6.2.3 玻璃量器：烧杯、容量瓶、滴定管、移液管。

6.3 试剂

6.3.1 双氧水（3%）：取 50mL 30%的双氧水与 450mL 蒸馏水混匀。

6.3.2 浓盐酸：1.18g/cm^3～1.19g/cm^3，质量分数 36%～38%。

6.3.3 盐酸标准溶液（0.1mol/L）：量取 8.3mL 的浓盐酸倒入容量瓶，然后将溶液加蒸馏水稀释至 1000mL，使用前按 GB/T 601 进行标定。

6.3.4 塔斯罗指示剂：将 0.1%甲基橙溶液 100mL 与 1%亚甲基蓝溶液 4mL 充分混匀。

6.3.5 氢氧化钠（NaOH）：固体，密封保存。

6.3.6 氢氧化钠标准溶液（0.1mol/L）：称取 4.0g 氢氧化钠，精确到 0.0001g，溶于水中，加蒸馏水稀释至 1000mL，使用前按 GB/T 601 进行标定。

6.4 分析步骤

称取试样约 1g（m_1），精确至 0.0001g，置于 500mL 烧杯中。随后加入约 10mL 去离子水和 5 滴双氧水（见 6.3.1）。两分钟后，加入 20.00mL～40.00mL（V_1）盐酸标准溶液（C_1，见 6.3.3）（视碳酸盐含量高低而定），让其反应 1min～2min 后，再加入 20mL 去离子水。于恒温水浴（50℃～70℃）中，加热该样品 15min。冷却后，再加入约 200mL 的去离子水，加 3 滴塔斯罗指示剂（见 6.3.4），用氢氧化钠标准溶液（C_2，见 6.3.6）滴定过量的盐酸，氢氧化钠标准溶液消耗量为 V_2。指示剂的颜色变化为从紫色（酸性）经过灰色，最终为绿色（碱性）。

6.5 结果计算

碳酸钙质量分数按公式（1）计算：

$$\omega_{CaCO_3}=\frac{50.045\times(C_1\times V_1-C_2\times V_2)}{m_1\times 1000}\times 100\% \tag{1}$$

式中：

ω_{CaCO_3}——碳酸钙的质量分数，%；

C_1——盐酸标准溶液的浓度，单位为摩尔每升（mol/L）；

C_2——氢氧化钠标准溶液的浓度，单位为摩尔每升（mol/L）；

V_1——加入盐酸标准溶液的体积，单位为毫升（mL）；

V_2——滴定时消耗氢氧化钠标准溶液的体积，单位为毫升（mL）；

m_1——试样质量，单位为克（g）；

50.045——碳酸钙的摩尔质量的二分之一，单位为克每摩尔（g/mol）。

6.6 重复性限和再现性限

重复性限为 0.20%；再现性限为 0.30%。

7 总有机碳的测定

按照 HJ 615 有机碳的测定进行。

8 氨的测定

8.1 方法提要

以游离态的氨或铵离子等形式存在的氨氮与纳氏试剂反应生成淡红棕色络合物，该络合物的吸光度与氨氮含量成正比，于波长 420nm 处测量吸光度。

8.2 仪器

8.2.1 天平：精度 0.0001g。

8.2.2 天平：精度 0.01g。

8.2.3 高温炉：隔焰加热炉，在炉膛外围进行电阻加热，应使用温度控制器，准确控制炉温。可控制 400℃～600℃温度。

8.2.4 氨氮测定装置：氨氮测定装置示意图见图 1。

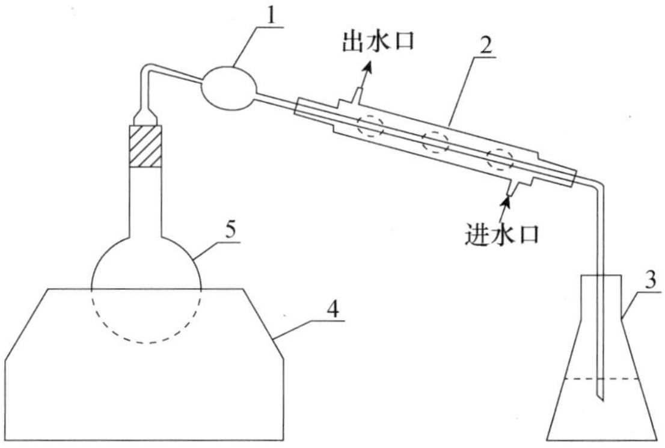

说明：

1—氮球；2—冷凝管；3—三角烧瓶，500mL；4—加热套；5—圆底烧瓶，500mL

图 1 氨氮测定装置示意图

8.2.5 具塞比色管：50mL。

8.2.6 分光光度计。

8.2.7 玻璃量器：烧杯、容量瓶。

8.2.8 酸度计：测量 pH 值范围 0～14，精确至 0.01，需通过至少两个不同的标准溶液校准的通用酸度计。

8.3 试剂

8.3.1 硼酸溶液（20g/L）：称取 20g 硼酸溶于水，稀释至 1000mL。

8.3.2 轻质氧化镁（MgO）：在 500℃下加热氧化镁 2h。

8.3.3 氢氧化钠溶液（50g/L）：称取 5g 氢氧化钠（见 6.3.5）溶于水中，稀释至 100mL。

8.4 分析步骤

8.4.1 预蒸馏

量取 50mL 硼酸溶液（见 8.3.1），置于 500mL 三角烧瓶中，确保冷凝管出口在硼酸溶液液面之下。称取烟气脱硫石膏试样 5g（m_2），精确至 0.0001g，置于 500mL 圆底烧瓶中，加入 200mL 去离子水、0.25g 轻质氧化镁（见 8.3.2）及数粒玻璃珠，立即连接氮球和冷凝管。加热蒸馏，使馏出液速率约为 10mL/min，待馏出液近 200mL 时，停止蒸馏。用氢氧化钠溶液（见 8.3.3）在酸度计上调节馏出液的 pH 值至 11，转移至 250mL 容量瓶中，定容摇匀，待测。

8.4.2 试样测定

按 GB/T 5750.5—2006 中 9.1.3、9.1.6 和 9.1.7 进行试验，测得氨（以氮计）的质量浓度 ρ_{N_1} ，单位为毫克每升（mg/L）。

8.4.3 结果计算

氨的质量分数按式（2）计算：

$$\omega_{NH_3}=\frac{\rho_{N_1}\times 1.216\times 250}{m_2} \tag{2}$$

式中：

ω_{NH_3}——氨的质量分数，单位为毫克每千克（mg/kg）；

ρ_{N_1}——氨（以氮计）的质量浓度，单位为毫克每升（mg/L）；

m_2——试样质量，单位为克（g）；

1.216——氮对氨的换算系数；

250——试样滤液定容体积，单位为毫升（mL）。

9 硝酸盐的测定

9.1 方法提要

利用硝酸盐在 220nm 波长具有紫外吸收和在 275nm 波长不具吸收的性质进行测定，用 275nm 波长测出有机物的吸收值，校正测定结果。

9.2 仪器

9.2.1 天平：精度 0.0001g。

9.2.2 分光光度计。

9.2.3 具塞比色管：50mL。

9.2.4 玻璃量器：烧杯、漏斗、容量瓶。

9.2.5 磁力搅拌器：具有调速和加热功能，带有包着惰性材料的搅拌棒，例如聚四氟乙烯材料。

9.2.6 滤纸：快速定性滤纸。

9.3 分析步骤

称取烟气脱硫石膏试样约 10g（m_3），精确至 0.0001g，置于 400mL 烧杯中，加入 150mL 已煮沸并冷却的去离子水，置于磁力搅拌器上，加热至 40℃～50℃，充分搅拌 10min，用双层快速定性滤纸过滤，沉淀和烧杯用温水洗涤数次，滤液储存于 250mL 的容量瓶中，冷却至室温后定容，备用。按 GB/T 5750.5—2006 中 5.2 测定，结果表示为 ρ_{N_2}（以氮计），单位为毫克每升（mg/L）。

9.4 结果计算

硝酸盐（以NO_3^- 计）质量分数按公式（3）计算：

$$\omega_{NO_3^-}=\frac{\rho_{N_2}\times 4.429\times 250}{m_3} \tag{3}$$

式中：

$\omega_{NO_3^-}$——硝酸盐的质量分数，单位为毫克每千克（mg/kg）；

ρ_{N_2}——硝酸盐（以氮计）的质量浓度，单位为毫克每升（mg/L）；

m_3——试样质量，单位为克（g）；

4.429——氮对硝酸根的换算系数；

250——试样滤液定容体积，单位为毫升（mL）。

10 氯离子的测定

10.1 硫氰酸铵容量法（基准法）

按 GB/T 176—2017 中 6.13 进行。

10.2 （自动）电位滴定法（代用法）

按 GB/T 5484—2012 第 38 章进行。

10.3 硝酸银滴定法（代用法）

10.3.1 方法提要

试样用水分散，以铬酸钾为指示剂，用硝酸银标准滴定溶液滴定。

10.3.2 试剂

10.3.2.1 酚酞指示剂溶液（10g/L）：将 1g 酚酞溶于 100mL 无水乙醇中。

10.3.2.2 氢氧化钠溶液（0.1mol/L）：将 0.4g 氢氧化钠（见 6.3.5）溶于 100mL 水中。

10.3.2.3 硝酸（HNO_3）：1.39g/cm^3～1.41g/cm^3，质量分数 65%～68%。

10.3.2.4 硝酸溶液（0.1mol/L）：将 0.7mL 硝酸（见 10.3.2.3），加水稀释至 100mL。

10.3.2.5 铬酸钾溶液（50g/L）：将 5g 铬酸钾（K_2CrO_4）溶于少量水中，滴加硝酸银标准滴定溶液（见 10.3.2.7）至有红色沉淀生成，静置 12h 后，过滤后加水稀释至 100mL。

10.3.2.6 氯离子标准溶液［c(NaCl)＝0.05mol/L］：称取 2.9222g 已于 105℃～110℃烘过 2h 的氯化钠（NaCl，基准试剂或光谱纯），精确至 0.0001g，置于 200mL 烧杯中，加水溶

解后，移入 1000mL 容量瓶中，用水稀释至标线，摇匀。

10.3.2.7 硝酸银标准滴定溶液 [$c(AgNO_3)=0.05mol/L$]：

a）硝酸银标准滴定溶液的配制：

称取 4.25g 硝酸银（$AgNO_3$），加水溶解后，移入 500mL 容量瓶中，用水稀释至标线，摇匀，贮存于棕色瓶中，避光保存。

b）硝酸银标准滴定溶液浓度的标定：

吸取 25.00mL 氯离子标准溶液（见 10.3.2.6）放入 250mL 锥形瓶中，加入 10 滴铬酸钾溶液（见 10.3.2.5），用硝酸银标准滴定溶液滴定至浅桔黄色（V_3）。

硝酸银标准滴定溶液浓度按式（4）计算：

$$c(AgNO_3)=\frac{0.05\times25.00}{V_3-V_{03}}=\frac{1.25}{V_3-V_{03}} \tag{4}$$

式中：

$c(AgNO_3)$——硝酸银标准滴定溶液的浓度，单位为摩尔每升（mol/L）；

V_3——滴定时消耗硝酸银标准滴定溶液的体积，单位为毫升（mL）；

V_{03}——滴定空白时消耗硝酸银标准滴定溶液的体积，单位为毫升（mL）

0.05——氯离子标准溶液的浓度，单位为摩尔每升（mol/L）；

25.00——加入氯离子标准溶液的体积，单位为毫升（mL）。

c）硝酸银标准滴定溶液对氯离子的滴定度的计算：

硝酸银标准滴定溶液对氯离子的滴定度按公式（5）计算：

$$T_{Cl^-}=c(AgNO_3)\times35.45 \tag{5}$$

式中：

T_{Cl^-}——硝酸银标准滴定溶液对氯离子的滴定度，单位为毫克每毫升（mg/mL）；

$c(AgNO_3)$——硝酸银标准滴定溶液的浓度，单位为摩尔每升（mol/L）；

35.45——氯元素的摩尔质量，单位为克每摩尔（g/moL）。

10.3.3 仪器

10.3.3.1 天平：精度 0.0001g。

10.3.3.2 天平：精度 0.01g。

10.3.3.3 磁力搅拌器：具有调速和加热功能，带有包着惰性材料的搅拌棒，例如聚四氟乙烯材料。

10.3.3.4 烘箱：鼓风干燥箱。

10.3.3.5 滤纸：快速定性滤纸。

10.3.3.6 玻璃量器：烧杯、布氏漏斗、容量瓶、移液管、滴定管。

10.3.4 分析步骤

称取 10.00g 试样，精确至 0.01g，置于 250mL 的干燥锥形瓶中，加入 200mL 无二氧化碳的水及一根磁力搅拌棒，盖上瓶塞，放在磁力搅拌器上，控制溶液温度（25.0±3.0）℃，搅拌 30min 后，静置沉降 5min，用干燥的快速滤纸过滤（不要洗涤），滤液收集于干燥的玻璃容器中，密封保存。

从上述溶液中吸取 50mL 溶液放入 250mL 锥形瓶中，加入 1 滴酚酞指示剂溶液（见 10.3.2.1），用氢氧化钠溶液（见 10.3.2.2）调节至溶液呈红色，然后用硝酸溶液（见

10.3.2.4）调节至红色刚好退去，加入 10 滴铬酸钾溶液（见 10.3.2.5），用硝酸银标准滴定溶液（见 10.3.2.7）滴定至浅桔黄色（V_4）。

10.3.5 结果计算

氯离子的质量分数 ω_{Cl^-} 按公式（6）计算：

$$\omega_{Cl^-}=\frac{T_{Cl^-}\times(V_4-V_{04})\times 4}{10.00\times 1000}\times 100\%=T_{Cl^-}\times(V_4-V_{04})\times 0.04 \quad (6)$$

式中：

ω_{Cl^-}——氯离子的质量分数，%；

T_{Cl^-}——硝酸银标准滴定溶液对氯离子的滴定度，单位为毫克每毫升（mg/mL）；

V_4——滴定时消耗硝酸银标准滴定溶液的体积，单位为毫升（mL）；

V_{04}——滴定空白时消耗硝酸银标准滴定溶液的体积，单位为毫升（mL）；

10.00——试样的质量，单位为克（g）；

4——全部试样溶液与所分取试样溶液的体积比。

10.3.6 重复性限和再现性限

当氯离子含量不大于 0.10%时，重复性限为 0.010%，再现性限为 0.020%。

当氯离子含量大于 0.10%时，重复性限为 0.020%，再现性限为 0.030%。

11 半水亚硫酸钙的测定

11.1 方法提要

往试样中加入过量的碘标准滴定溶液，待亚硫酸钙氧化后，经盐酸酸化，用硫代硫酸钠标准滴定溶液滴定过量的碘。

11.2 分析步骤

按 GB/T 5484—2012 中第 12 章碘量法进行，计算得到二氧化硫的质量分数 ω_{SO_2}。

11.3 结果计算

半水亚硫酸钙的质量分数按公式（7）计算：

$$\omega_{CaSO_3\cdot 1/2H_2O}=\omega_{SO_2}\times 2.016 \quad (7)$$

式中：

$\omega_{CaSO_3\cdot 1/2H_2O}$——半水亚硫酸钙的质量分数，%；

ω_{SO_2}——二氧化硫的质量分数，%；

2.016——二氧化硫对半水亚硫酸钙的换算系数。

12 附着水的测定

按 GB/T 5484—2012 中第 9 章干燥差减法进行。

13 结晶水的测定

按 GB/T 5484—2012 中第 10 章干燥差减法进行。

14 氧化镁的测定

按 GB/T 176—2017 中 6.11 原子吸收分光光度法进行。

15 水溶性氧化镁的测定

按 GB/T 5484—2012 中第 27 章原子吸收光谱法进行。

16 氧化钾和氧化钠的测定

按 GB/T 176—2017 中 6.14 火焰光度法进行。

17 水溶性氧化钾和氧化钠的测定

按 GB/T 5484—2012 中第 28 章火焰光度法进行。

18 pH 值的测定

按 GB/T 5484—2012 中第 25 章离子选择电极法进行。

19 三氧化硫的测定

按 GB/T 5484—2012 中 11.2.2 硫酸钡重量法进行，结果计算按 GB/T 5484—2012 中第 11.3.2 进行。

20 二氧化硅的测定

20.1 氟硅酸钾容量法

按 GB/T 5484—2012 中第 13 章进行。

20.2 硅钼蓝分光光度法

按 GB/T 5484—2012 中第 14 章进行。

21 氧化钙的测定

按 GB/T 5484—2012 中第 17 章 EDTA 滴定法进行。

22 游离氧化钙的测定

本方法适用于以生石灰为脱硫剂进行湿法脱硫所产生的烟气脱硫石膏。

按 GB/T 176—2017 中 6.37 乙二醇法进行。

23 水溶性氟离子的测定

按 GB/T 5484—2012 中第 30 章离子选择电极法进行。

24 酸不溶物的测定

按 GB/T 5484—2012 中第 31 章盐酸处理法进行。

25 三氧化二铁的测定

25.1 邻菲罗啉分光光度法（基准法）

按 GB/T 5484—2012 中第 15 章进行。

25.2 EDTA 直接滴定法（代用法）

按 GB/T 5484—2012 中第 33 章进行。

26 三氧化二铝的测定

26.1 EDTA 直接滴定铁铝合量（基准法）

按 GB/T 5484—2012 中第 16 章进行。

26.2 直接滴定法（代用法）

按 GB/T 5484—2012 中第 34 章进行。

26.3 硫酸铜返滴定法（代用法）

按 GB/T 5484—2012 中第 35 章进行。

三、地方标准

石灰粉煤灰稳定建筑垃圾再生集料基层施工技术规范 DB61/T 1151—2018

1 范围

2 规范性引用文件

3 术语和定义

3.1 建筑垃圾 construction waste
3.2 建筑垃圾再生集料 construction waste recycled aggregate
3.3 杂物 impurities
3.4 混凝土块含量 concrete content

4 材料

4.1 一般规定
4.2 建筑垃圾再生粗集料
4.3 建筑垃圾再生细集料
4.4 掺配集料

5 配合比设计

5.1 一般规定
5.2 混合料组成设计

6 施工

6.1 一般规定
6.2 建筑垃圾再生集料闷料
6.3 拌和
6.4 运输
6.5 摊铺
6.6 碾压
6.7 养生与交通管制

7 施工质量检查与验收

7.1 一般规定
7.2 施工过程质量检查

7.3 交工验收

附 录 A
(规范性附录)
杂物含量及混凝土块含量检测方法

A.1 仪具和材料

A.2 取样

A.3 试样处理

A.4 试验步骤

A.5 结果整理

超高粉煤灰掺量水工混凝土应用技术规范 DB52/T 1247—2017

1 范围

2 规范性引用文件

3 术语和定义

3.1 水工混凝土 hydraulic concrete

3.2 常态混凝土 conventional concrete

3.3 碾压混凝土 roller compacted concrete

3.4 粉煤灰 fly ash

3.5 胶凝材料 cementitious materials

3.6 水胶比 water-cementitious material ratio

3.7 粉煤灰掺量 fly ash content

3.8 超高粉煤灰掺量 ultra-high fly ash content

3.9 三低一高混凝土配合比 concrete mix proportion with characteristic of low water content，low water-cementitious material ratio，low cement content and ultra-high fly ash content

4 原材料

4.1 水泥

4.2 粉煤灰

4.3 骨料

4.4 外加剂

4.5 水

5 配合比

5.1 一般规定

5.2 粉煤灰的掺量

6 应用及质量控制

6.1 应用

6.2 质量控制和检查

粉煤灰与煤矸石混合生态填充技术规范 DB14/T 1217—2016

1 范围

2 规范性引用文件

3 术语和定义

3.1 粉煤灰

3.2 煤矸石

3.3 露天矿坑

3.4 沟壑

3.5 生态填充

3.6 生态恢复

3.7 一般工业固体废物

4 填充设计

4.1 一般规定

4.2 填充材料

4.3 填充场地范围

4.4 填充场地整治方案

4.5 填充方案

4.6 安全措施方案

4.7 生态恢复要求

5 填充作业

5.1 填充材料装车、运输要求

5.2 填充作业过程要求

6 填充工程管理

7 验收及评价

7.1 验收

7.2 评价

附　录　A
（规范性附录）
粉煤灰与煤矸石混合填充作业示意图

附　录　B
（规范性附录）
平整度检验方法

B.1　目的与适用范围

B.2　材料技术要求

B.3　方法与步骤

附　录　C
（规范性附录）
起尘检验方法

C.1　原理

C.2　采样布点

C.3　仪器与设备

C.4　采样步骤

C.5　样品处理及分析

附　录　D
（规范性附录）
落锤法测定表面承载力的试验方法

D.1　原理

D.2　材料及技术要求

D.3　方法与步骤

商品粉煤灰单位产品能源消耗限额 DB31/722—2013

1 范围

2 规范性引用文件

3 术语和定义

3.1 商品粉煤灰 commercial fly ash

3.2 统计报告期 statistics period

3.3 单位产品综合电力消耗 comprehensive electricity consumption

4 技术要求

4.1 现有商品粉煤灰生产企业单位产品能耗限额

4.2 新建商品粉煤灰生产企业单位产品能耗限额准入值

4.3 商品粉煤灰生产企业单位产品能耗限额先进值

5 统计范围和计算方法

5.1 商品粉煤灰综合电力消耗统计范围

5.2 电耗统计方法

5.3 计算方法

6 节能管理与措施

6.1 节能基础管理

6.2 节能技术管理

附 录 A
(资料性附录)
本标准各种符号的代表意义

改性粉煤灰砖和空心砌块（河北省）DB13/T 1057—2009

1　范围

2　规范性引用文件

3　术语和定义

3.1　GB/T 18968确立的术语和定义。

3.2　无机改性剂

3.3　改性粉煤灰砖

3.4　实心砖

3.5　多孔砖

3.6　空心砌块

3.7　自然养护

4　代号

4.1　改性粉煤灰实心砖——GFB。

4.2　改性粉煤灰多孔砖——GFK。

4.3　改性粉煤灰空心砌块——GFQ。

4.4　单排孔空心砌块——1。

4.5　双排孔空心砌块——2。

4.6　多排孔空心砌块——D。

4.7　本色——N。

4.8　彩色——C0。

5　产品分类

5.1　结构型式

5.2　抗压强度等级

5.3　质量等级

5.4　产品规格

5.5　产品标记

6　技术要求

6.1　原料要求

6.2　实心砖

6.3　多孔砖

6.4 空心砌块

7 试验方法

7.1 实心砖

7.2 多孔砖

7.3 空心砌块

8 检验规则

8.1 实心砖按 JC 466 规定方法进行。

8.2 多孔砖按 GB 13544 规定方法进行。

8.3 空心砌块按 JC/T 862 规定方法进行。

9 标志、运输与贮存

9.1 实心砖应符合 JC 239 的规定。

9.2 多孔砖应符合 GB 13544 的规定。

9.3 空心砌块应符合 JC/T 862 的规定。

四、国际标准解读

《用于混凝土的粉煤灰和天然火山灰或煅烧火山灰的标准规范》标准解读

Standard Specification for Coal Fly Ash and Raw or Calcined Natural Pozzolan for Use in Concrete（ASTM C168-17a）

翟梦怡　房奎圳　王栋民

中国矿业大学（北京）化学与环境工程学院，北京，100083

《用于混凝土的粉煤灰和天然火山灰或煅烧火山灰的标准规范》（ASTM C618—17a）是根据世界贸易组织贸易技术壁垒委员会（TBT）颁布的《关于制定国际标准的原则、指南和建议的决定》中确立的国际公认的标准化原则制定的。该标准已被美国国防部各机构批准使用。

新标准对粉煤灰及天然火山灰术语、分类、化学成分、物理性能、供应商认证和供应商报告的编制指南等做出了规定。

目前，生产含有火山灰（包括硅灰、粉煤灰、天然火山灰等）的复合水泥是一种全球性趋势。许多国家拥有丰富的天然火山灰资源，可用于复合水泥，在减少环境污染的同时可以获得更大的经济效益。ASTM C618 标准规范提供了评估天然火山灰最适用的方法之一。ASTM C618 提出了用粉煤灰和天然火山灰水泥替代的化学、物理要求和规范，其中纳入了 ASTM C311 的标准测试步骤。ASTM C618 最初批准于 1968 年，本版本于 2017 年 12 月 15 日批准，2018 年 1 月出版，用以结合和取代粉煤灰的 ASTM C350 和其他火山灰的 ASTM C402。

1　范围

本规范适用于混凝土中的粉煤灰、天然火山灰或煅烧火山灰，这些物料在混凝土中具有胶凝性或火山灰反应，或二者均有。该标准还包括其他的粉末状矿物料，这些物料在混凝土中具有胶凝性或火山灰反应，或二者均有。

过细的原料可能会降低混凝土的含气量，因此，如果在规定了含气量的混凝土中加入粉煤灰或天然火山灰，必须采取相应的措施，确保通过含气量试验，比如添加引气剂，或将引气剂与水硬性加气水泥同时使用，以确保混凝土达到规定的含气量。

由于球形的粉煤灰比表面大，另外粉煤灰中的不完全碳使得大掺量粉煤灰混凝土对外加剂有吸附作用，从而引气剂的引气效果降低。此外，混凝土含气量过低会降低混凝土的抗冻性能；含气量过高导致混凝土内部均匀分散的气泡连通，对混凝土的抗碳化性能、抗渗性、抗冻性不利，因此，应保证混凝土含气量在合理范围内。

2　粉煤灰及火山灰分类

按灰的种类可分为 N 类、F 类和 C 类。

N 类——天然火山灰或煅烧火山灰。例如某些硅藻土；蛋白石燧石和蛋白石页岩；经煅烧或未煅烧的凝灰岩、火山灰或浮石；以及需要煅烧才能得到优质性能的各种材料（如某些黏土和页岩)。

F类——由燃烧无烟煤或烟煤产生的粉煤灰，但也有可能是由亚烟煤和褐煤燃烧产生的。这种粉煤灰具有火山灰性。

C类——一般由燃烧褐煤或亚烟煤产生的粉煤灰，但也有可能是由无烟煤或烟煤燃烧产生的。此类粉煤灰以氧化钙（CaO）含量表示总钙含量，一般高于F类粉煤灰。这种粉煤灰除了具有火山灰活性以外，还具有一定的胶凝性能。

我国依据《用于水泥和混凝土中的粉煤灰》（GB/T 1596）、《粉煤灰混凝土应用技术规范》（GB/T 50146）、《水工混凝土掺用粉煤灰技术规范》（DL/T 5055），粉煤灰按燃烧的煤种分为F类粉煤灰和C类粉煤灰。其中F类粉煤灰是指由无烟煤或烟煤燃烧收集的粉煤灰；C类粉煤灰是指由褐煤或次烟煤燃烧收集的粉煤灰，其氧化钙含量一般大于10%。

3 化学成分

粉煤灰和天然火山灰应符合表1规定的化学成分要求。

表1 化学成分要求

成分要求 \ 火山灰分类	N类	F类	C类
$SiO_2+Al_2O_3+Fe_2O_3$，最小值，%	70.0	70.0	70.0
SO_3，最大值，%	4.0	5.0	5.0
含水量，最大值，%	3.0	3.0	3.0
烧失量，最大值，%	10.0	6.0[A]	6.0

[A]表示：在能提供可接受的性能记录或实验室测试结果的前提下，用户可批准使用的F类粉煤灰的最高烧失量为12%。

化学成分的测定以及对成分的限制并不能预测掺有粉煤灰或天然火山灰的水泥浆在混凝土中的性能，而是共同帮助描述材料的组成和均匀性。

4. 物理性能

粉煤灰和天然火山灰的物理性能要求应符合表2的要求。补充可选的物理性能要求如表3所示。

表2 物理性能要求

物理性能要求 \ 火山灰分类	N类	F类	C类
细度： 使用45μm标准筛（325号）湿筛筛余，最大值，%	34	34	34
强度活性指数[A]： 硅酸盐水泥，7天龄期，最小值，%控制	75[B]	75[B]	75[B]
强度活性指数[A]： 硅酸盐水泥，28天龄期，最小值，%控制	75[B]	75[B]	75[B]
需水量比，最大值，%	115	105	105

续表

物理性能要求 \ 火山灰分类	N类	F类	C类
安定性[C]： 蒸压热膨胀与收缩，最大值，%	0.8	0.8	0.8
均匀性要求[D]： 密度，与平均值的最大偏差，%	5	5	5
均匀性要求[D]： 使用45μm标准筛（325号）筛余， 与平均值的最大偏差，%	5	5	5

[A]表示：样品在硅酸盐水泥中的强度活性指数，不能用作衡量含粉煤灰或天然火山灰混凝土的抗压强度。因为专用于强度活性指数测试的粉煤灰或天然火山灰在硅酸盐水泥试块中的添加量，并不是在工程使用中混凝土中的最佳添加比例。在任何实际工程中，粉煤灰或天然火山灰的最佳掺量取决于混凝土及混凝土中其他成分所需要的性能，具体是由试验确定的。样品在硅酸盐水泥的强度活性指数，是用来评价填料与给定水泥的反应活性，它随粉煤灰、天然火山灰产地和水泥来源的变化而波动。

[B]表示：满足7天或28天强度活性指数，即为符合规范。

[C]表示：在工程混合物（混凝土）中，如果粉煤灰或天然火山灰在胶凝材料中的占比超过20wt%，则用于高压釜膨胀试验的试件应以该比例为准。在水胶比较低的情况下，例如在块状或喷浆混凝土中，热膨胀会非常明显。

[D]表示：单个样品的密度和细度的偏差值不应超过前10个样品平均值的最大偏差（%），如果样品数低于10个，则不应超过前面所有样品平均值的最大偏差（%）。

表3　补充可选的物理性能要求

补充可选的物理性能要求 \ 火山灰分类		N类	F类	C类
砂浆块28天龄期时的干缩增长率，最大值[A]，%		0.03	0.03	0.03
均匀性要求： 对于加气混凝土的附加要求，产生18.0 vol %含气量砂浆所需的引气剂的量，不得超多前10次试验平均值的偏差（%），如果样品数低于10个，则不应超过前面所有样品平均值的最大偏差，%		20	20	20
抗硫酸盐腐蚀能力的贡献[B]	方法A： 中等浓度硫酸盐环境下暴露6个月后，试验样品的膨胀性，最大值，% 高浓度硫酸盐环境下暴露6个月后，试验样品的膨胀性，最大值，%	0.10 0.05	0.10 0.05	0.10 0.05
	方法B： 控制暴露至少6个月后，所测混合物的膨胀率作为抗硫酸盐水泥的百分含量，最大值，%	100	100	100

[A]只有在买方要求的情况下，才能确定是否符合有关干缩增大率的要求。

[B]粉煤灰或天然火山灰只有当其被用在水泥基材料总量的2wt%以下才被认为是有效的，且成功混合于复合物试样中或含量在两个有效的百分比之间，并且在最终的工程混凝土中C_3A含量小于等于混合物试样中的量。

5 抽样和检验方法

按照试验方法 C311/C311M 的要求，对粉煤灰或天然火山灰进行取样和试验。

建议使用在工程中使用的类型的水泥，如果可能的话最好粉磨过，所有实验需要使用水硬性水泥。

简单来看，在这种方法中火山灰活性的最重要的标准是：

（1）化学成分的总和，即 $SiO_2+Fe_2O_3+Al_2O_3$。影响火山灰质材料活性的重要因素之一是其化学组成和矿物组成；另外，烧失量是间接衡量粉煤灰中残余碳含量的指标，较高的碳含量将影响其火山灰反应的进行。

（2）强度活性指数，指用 20%质量分数的火山灰代替水泥，砂浆的抗压强度与对照砂浆抗压强度之比。

强度指数法也称为抗压强度比法，通常采用掺入一定量的火山灰质材料的水泥加入规定需水量后，其 28 天抗压强度与空白样的 28 天抗压强度的比值作为衡量火山灰活性的指标，比值越大，活性越高。需水量可按浆体达到规定流动度时的需水量来量取。这种方法比较简单，容易操作，国内外广泛采用这种方法。《用作水泥混合材料的工业废渣活性实验方法》（GB/T 12597—2005）中抗压强度实验法和美国标准《Standard Test Methods for Sampling and Testing Fly Ash or Natural Pozzolans for Use in Portland Cement Concrete》（ASTM C311—07）所规定的方法类似，都是以强度指数法作为基础，不同之处在于 GB/ T 12597－2005 规定的实验样品中火山灰质材料的掺入量为 30%，而 ASTM C311－07 规定的掺量为 20 %。

6 供应商的认证

应买方要求，应在合同或订单中提供供应商报告，说明对材料样品进行的测试结果，并证明产品符合本规范的所有适用要求。此外，该报告还应包括氧化镁（MgO）、氧化钠（Na_2O）、氧化钾（K_2O）和氧化钙（CaO）的百分比，均按照 C311/C311M 检测方法测定。报告还应包括材料的总碱含量，表示为氧化钠（Na_2O）的当量百分比。

7 粉煤灰或天然火山灰对抑制因碱骨料反应引起的混凝土过度膨胀的有效性

如果在混凝土中配比适当，粉煤灰和天然火山灰均可防止因碱骨料反应引起的过度膨胀。用于减轻碱骨料反应所需的粉煤灰或天然火山灰的用量，以硅酸盐水泥替代量来衡量，它取决于粉煤灰或火山灰的性能、骨料的反应性和混凝土的碱负荷。有关减轻碱骨料反应（ASR）的信息以及测试方法，请参见指南 C1778。

碱骨料反应（ASR）是引起混凝土建筑物破坏的主要原因之一，试验研究和工程实际结果表明，矿物掺合料可有效抑制混凝土中的碱骨料反应。为了减少碱骨料反应产生的危害，工程中通常采取的措施之一是调整矿物掺合料的品种与掺量。

后　记

进入21世纪，随着经济的快速发展，发电量猛增，煤炭价格走高，火电厂受成本制约，煤炭品质下降，灰分越来越高，火电厂粉煤灰、渣处置量增大。据统计数据显示，2018年我国粉煤灰的处置量近7亿吨。作为燃煤电厂的主要副产物，粉煤灰的品质受到燃料品种、锅炉炉型、燃烧工况等多种因素影响，粉煤灰品质的多样性给其综合利用提出诸多新的研究课题。

粉煤灰的研究工作始于20世纪50年代，几十年来对粉煤灰及其资源化利用的研究和应用工作始终未停止过。粉煤灰的应用研究是从水泥、混凝土中做混合材和掺合料开始的，之后发展到建材制品、筑路、农业、功能材料、回填、土壤改良、提取稀有金属等领域，随着社会经济和技术的发展，其利用率不断提高。《2019年中国粉煤灰行业分析报告》统计数据结果显示：2018年粉煤灰综合利用率约为75%，在水泥、混凝土及建筑材料应用领域约80%。如今，粉煤灰已成为多领域中不可或缺的优质绿色胶凝材料。

随着粉煤灰处置量的激增，截至2018年新增粉煤灰的量已达7亿吨，粉煤灰的综合利用面临的问题日益突显，主要表现在：处理技术、生产工艺落后，产品品位低，产品附加值低，综合利用领域单一，综合利用率不平衡等。2018年1月1日《中华人民共和国环境保护税法》的实施，对粉煤灰的综合利用提出更高的要求，对现有技术的总结与提升，对新的应用技术、新应用领域标准的需求日益迫切。同时，该政策首次将粉煤灰生产企业纳入到粉煤灰综合利用技术的利益需求环节中来，环境风险压力下的发电企业对粉煤灰综合利用相关新的技术、新的标准需求也达到前所未有的程度。期望通过各方努力，化危机为契机，正向促进粉煤灰综合利用技术升级和研发活力，促进对现有粉煤灰及其综合利用的相关标准的升级与新领域应用标准的建立。

我国第一个粉煤灰的国家标准《用于水泥和混凝土中的粉煤灰》(GB/T 1596)于1980年5月起实施，规定了用于混凝土中的粉煤灰的质量要求，开启了粉煤灰大量利用的新途径。自此，大量的科研及产业技术人员制定出的行业相关标准，现有的粉煤灰及其综合利用处理技术相关标准多以水泥掺合剂、混凝土添加剂和建材领域为主要依托。现将现行粉煤灰相关标准整理成册，编集了截至2018年底的17条粉煤灰及其相关综合利用现行标准，供各位同行参考。

真切地期望相关应用方能以原料的角度来重新认识粉煤灰的资源化利用，制定更多领域与粉煤灰相关的标准，为粉煤灰的大量、高值、资源化利用提供适宜方法与技术支撑，促进其综合利用产业的循环发展，实现资源的二次及多次循环利用，践行“绿水青山就是金山银山”的生态环保理念，同时满足国家的生态文明建设要求。

华电电力科学研究院有限公司首席研究员

教授级高级工程师